省部级示范性高等职业院校建设规划教材
建筑装饰专业理实一体化特色教材

Photoshop CS6

主　编　潘　潺　权　凤　卢　燕

副主编　张倩文　林　旭　胡渝苹

　　　　刘　鹏

主　审　郑启浪

黄河水利出版社

·郑州·

内 容 提 要

  本书是省部级示范性高等职业院校建设规划教材、建筑装饰专业理实一体化特色教材，是重庆地方高水平大学理实一体化项目建设系列教材之一，根据高职高专教育Photoshop CS6课程标准及理实一体化教学要求编写完成。本书主要介绍Photoshop CS6图像处理的相关知识，主要内容包括Photoshop CS6基础知识、Photoshop CS6的设置与基本操作、Photoshop CS6选区的创建与编辑、图层操作、图像色彩和色彩调整、Photoshop CS6的绘图编辑与着色、Photoshop CS6的文字操作、蒙版、通道的运用、Photoshop CS6的滤镜功能、Photoshop CS6动作自动化、Photoshop CS6的图像输出、Photoshop CS6综合案例等。本书的最后为综合案例，通过对3个综合实例的学习，学生可以进一步提高对Photoshop CS6的综合运用能力。全书主要采用案例的形式对知识点进行讲解，在学习本书的过程中，不仅能掌握Photoshop CS6各知识点的使用方法，还能掌握案例的制作方法，做到学以致用。

  本书可作为高等职业技术学院、高等专科学校等艺术设计类、电子信息类等专业的教材，也可供平面设计相关专业、中等专业学校相应专业的师生及Photoshop CS6初学者自学参考。

图书在版编目（CIP）数据

  Photoshop CS6 / 潘潺，权凤，卢燕主编. —郑州：黄河水利出版社，2018.5

  省部级示范性高等职业院校建设规划教材. 建筑装饰专业理实一体化特色教材

  ISBN 978-7-5509-2017-0

  Ⅰ.①P… Ⅱ.①潘… ②权… ③卢… Ⅲ.① 图象处理软件-高等职业教育-教材 Ⅳ.① TP391.413

  中国版本图书馆 CIP 数据核字（2018）第085425号

组稿编辑	简　群	电话：0371-66026749	E-mail：931945687@qq.com
	田丽萍	66025553	912810592@qq.com

出 版 社：黄河水利出版社   网址：www.yrcp.com
      地址：河南省郑州市顺河路黄委会综合楼14层   邮编：450003
发行单位：黄河水利出版社
      发行部电话：0371-66026940、66020550、66028024、66022620（传真）
      E-mail：hhslcbs@126.com
承印单位：虎彩印艺股份有限公司
开本：787 mm×1 092 mm 1/16
印张：13.5
字数：320 千字
版次：2018 年 5月第 1 版   印次：2018年5月第 1 次印刷

定价：56.00 元

前　言

　　本书是根据高职高专教育建筑装饰技术专业人才培养方案和课程建设目标，并结合重庆地方高水平大学立项建设项目的建设要求进行编写的。

　　本套教材在编写过程中，充分汲取了高等职业教育探索培养技术应用型专门人才方面取得的成功经验和研究成果，使教材更符合高职高专学生培养的特点；教材内容体系上坚持"以够用为度，以实用为主，注重实践，强化训练，利于发展"的理念，淡化理论，突出技能培养这一主线；教材内容组织上兼顾"理实一体化"教学的要求，将理论教学和实践教学进行有机结合，便于教学组织实施；注重课程内容与现行规范和职业标准的对接，及时引入行业新技术、新材料、新设备、新工艺，注重教材内容设置的新颖性、实用性、可操作性。

　　近现代工业化催发了艺术设计的繁荣，与之相适应的现代艺术设计教育也相伴相生。艺术设计教育在我国起步较晚，但经济的繁荣与人们生活水平的提高，极大地促进了艺术设计教育的迅猛发展。

　　计算机辅助设计课程是艺术设计类、电子信息类专业的重要专业技能课之一，为了使学生能做到学以致用，与时俱进，我们从当代大学生的特点和实际需要出发，编写了本书。本系列教材以学生能力培养为主线，具有鲜明的时代特点，体现出实用性、实践性、创新性的教材特色，是一套理论联系实际、教学面向生产的高职高专教育精品规划教材。

　　在编写本书的过程中，考虑到高等职业技术教育的教学要求，并借鉴高等院校现有《Photoshop》教科书的体系，本着既要贯彻"少而精"，又力求突出科学性、先进性、针对性、实用性和注重技能培养的原则。本书在编写过程中，力图贯穿三个特色：一是最新的理念、最新的内容，二是突出实用技能、突出实用案例，三是循序渐进、深入浅出，有利于调动学生学习的积极性。考虑到基础知识与技能的讲解与练习及综合运用，全书共分为13个项目进行阐述。前12个项目偏重于基础知识与技能的讲解和练习，最后1个项目是Photoshop CS6功能的综合运用，使学生通过循序渐进的学习，掌握该软件的功能技巧。各专业可根据自身的教学目标及教学时数，对本书内容进行取舍。

本书编写人员及编写分工如下：重庆水利电力职业技术学院卢燕编写项目1；重庆水利电力职业技术学院潘潆编写项目2、项目7，重庆大学城市科技学院刘鹏编写项目3、项目13.3，重庆水利电力职业技术学院林旭编写项目4、项目5、项目6，重庆水利电力职业技术学院胡渝苹编写项目8、项目11，重庆水利电力职业技术学院张倩文编写项目9、项目10、项目12，重庆水利电力职业技术学院权凤编写项目13.1、13.2。本书由潘潆、权凤、卢燕担任主编，由潘潆负责全书统稿；由张倩文、林旭、胡渝苹、刘鹏担任副主编；由重庆居之家装饰公司郑启浪担任主审。

在编写过程中，重庆水利电力职业技术学院院领导、市政系和教务处的领导及同志们给予了极大的支持，在此一并表示衷心感谢！

由于本书编写时间仓促，参编人员还缺乏高等职业技术教育的经验，书中难免会出现不妥之处，欢迎广大读者批评指正。

编　者
2018年2月

目　录

项目1　Photoshop CS6基础知识

1.1　了解Photoshop CS6的用途

Photoshop CS6是Adobe公司最新推出的一款功能强大的平面图像处理软件。它不仅可以应用于图像设计、图形绘制、数码照片编修等方面，还可以进行网页图像的制作与GIF动画设计。

1.1.1　图像设计

图像设计可以说是Photoshop最强大的功能之一，Photoshop CS6提供了调整图像色彩模式及设置各种与色彩有关的选项，并可以对图像进行区域选择、裁剪、切片、修复、仿制、擦除、羽化、模糊、涂抹、变形、锐化等操作。此外，还可以为图像添加文字、语音注释及各种滤镜特效，使设计的作品更加美观。

1.1.2　图形绘制

Photoshop CS6提供了多种绘图工具，通过对绘图工具大小、颜色、样式属性及形状进行设置，可以绘制各种规则和不规则的图形。绘制完成后，还可以使用填充工具进行渐变、纯色、图案等多种类型的填充，用户也可以通过自定义形状，快速绘制各种自定义图形。

1.1.3　数码照片编修

Photoshop CS6在编辑、处理数码照片中显得越来越重要。人们可以通过Photoshop CS6的命令进行图像的美化，如用去红眼工具去除拍照时产生的红眼现象，用曲线工具改善照片的光线效果，用滤镜工具保护照片隐私等。

1.1.4　网页图像制作

Photoshop CS6不仅在图像编辑处理方面有着出色的表现，而且在网页图像制作方面也有着独特的优势。可以使用Photoshop CS6制作各种网页图像、按钮、网页横幅及各种网页图像切片，并将制作好的图像储存为JPEG、PNG、GIF等网页常用格式，以及各种网页链接等。

1.1.5　GIF动画设计

通过动画面板，用户制作各种GIF动画、动态网页按钮及网页动画横幅等，还可以根据制作出的网页图像体积大小进行压缩，以适应网络传输的需要。

1.2　认识Photoshop CS6的操作界面

打开Photoshop CS6，你会看见一个全新的界面，深色的背景更加时尚，我们很熟悉的图标，很多都做了新的设计，还添加了新的模糊滤镜库、自适应广角滤镜及不同于以往的光照效果滤镜。

在【开始】菜单中选择Photoshop CS6，或者双击桌面快捷方式图标，打开Photoshop CS6的操作界面，打开一个图像文件后，如图1-1所示。

图1-1　Photoshop CS6的操作界面

（1）菜单栏：菜单中包含可以执行的各种命令。单击菜单名称即可打开相应的菜单。

（2）标题栏：显示了文档名称、文件格式、窗口缩放比例和颜色模式等信息。

（3）图层：标题栏中还会显示当前工作图层的名称。

（4）工具箱：包含用于执行各种操作的工具，如创建选区、移动图像、绘画和绘图等。

（5）选项栏：用来设置工具的各种选项，它会随着所选工具的不同而改变选项内容。

（6）面板：有的用来设置编辑选项，有的用来设置颜色属性。

（7）状态栏：可以显示文档大小、文档尺寸、当前工具和窗口缩放比例等信息。

（8）文档窗口：是显示和编辑图像的区域。

（9）选项卡：打开多个图像时，只在窗口中显示一个图像，其他的则最小化到选项卡中。

1.3　Photoshop CS6的专业术语

使用Photoshop CS6软件对图像进行处理，就是对图像进行设计和美化的过程。使用该软件可以制作出能满足用户需求且具有一定商业价值的作品。在开始学习使用Photoshop CS6进行图像处理的相关知识前，适当了解一些与Photoshop CS6和图像处理相关的常用术语是非常有必要的。

1.3.1　像素

像素的英文是pixel。它是用于计算数码影像的一种单位。如同拍摄的照片一样，数码影像也具有连续性的浓淡色调。若把影像放大数倍，就会发现这些连续色调其实是由许多色彩相近的小方点组成的。这些小方点即构成影像的最小单位——像素。这种最小的图形单元在 屏幕上显示为单个的染色点。越高位的像素，其拥有的色调也就越丰富，越能表现颜色的真实感。在图像处理中，我们可以这样认为，像素是构成图像的基本单位。单位面积上的像素越多，图像越清晰、越逼真，图像效果也就越好。

1.3.2　位图

位图又称为点阵图，其图像的大小和图像的清晰度是由图像中像素的多少决定的。它具有表现力强、层次丰富等特点。可以模拟出逼真的效果，但放大后会变得模糊。如图1-2所示分别为原位图和放大后的对比效果。从图1-2可以看出，图像越放大，效果越模糊。

图1-2　原位图和放大后的对比效果

3

1.3.3 矢量图

矢量图又称为向量图。它是用一系列电脑指令来描述和记录的图像，由点、线、面等元素组成，所记录的是对象的几何形状、线条粗细和色彩等信息。正是由于矢量图不记录像素的数量，所以在任何分辨率下对矢量图进行缩放都不会影响它的清晰度和光滑度。如图1-3所示分别为原矢量图和放大后的对比效果。连续放大图像，同样不会影响图像效果。

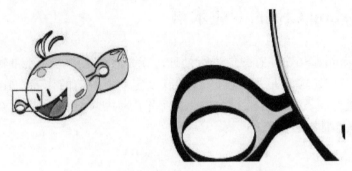

图1-3　原矢量图和放大后的对比效果

1.3.4 分辨率

分辨率是用于度量位图图像内数据量多少的一个参数，通常表示为ppi（像素/英寸）。包含的数据越多，图形文件也就越大，此时图像表现出的细节就越丰富。同时，图像文件过大也会耗用更多的计算机资源，占用更多的内存和硬盘空间。在创建图像的过程中，可以根据图像最终的用途来决定合适的分辨率。分辨率的单位包括点/英寸、像素/英寸等。常见的分辨率有两种，下文分别进行介绍。

1.3.4.1 显示器分辨率

显示器分辨率是指显示器上每单位长度显示的像素数目，常以"点/英寸"（dpi）为单位来表示，如96dpi表示显示器上每英寸显示96个点。

1.3.4.2 图像分辨率

图像分辨率是指图像中每单位长度所包含的像素数目，常以"像素/英寸"（ppi）为单位来表示，如72ppi表示图像中每英寸包含72个像素或点。同等尺寸的图像文件，分辨率越高，其所占的磁盘空间就越大，编辑和处理所需的时间也越长。

1.3.5 色彩深度

色彩深度指的是在一个图像中所包含颜色的数量，常用的颜色深度是1位、8位、16位、24位和32位。其中1位的图像中只包含黑色和白色两种颜色，8位的图像颜色中包含2的8次方也就是256种颜色或者是256级灰阶。随着颜色"位"数的增加，每个像素的颜色范围也在增加。

1.4　Photoshop CS6常用图像文件格式

作为图像处理的常用工具，Photoshop提供了完善的图像文件处理格式，如图1-4所示。

```
Photoshop (*.PSD;*.PDD)
大型文档格式 (*.PSB)
BMP (*.BMP;*.RLE;*.DIB)
CompuServe GIF (*.GIF)
Dicom (*.DCM;*.DC3;*.DIC)
Photoshop EPS (*.EPS)
Photoshop DCS 1.0 (*.EPS)
Photoshop DCS 2.0 (*.EPS)
IFF 格式 (*.IFF;*.TDI)
JPEG (*.JPG;*.JPEG;*.JPE)
JPEG 2000 (*.JPF;*.JPX;*.JP2;*.J2C;*.J2K;*.JPC)
JPEG 立体 (*.JPS)
PCX (*.PCX)
Photoshop PDF (*.PDF;*.PDP)
Photoshop Raw (*.RAW)
Pixar (*.PXR)
PNG (*.PNG;*.PNS)
Portable Bit Map (*.PBM;*.PGM;*.PPM;*.PNM;*.PFM;*.PAM)
Scitex CT (*.SCT)
Targa (*.TGA;*.VDA;*.ICB;*.VST)
TIFF (*.TIF;*.TIFF)
多图片格式 (*.MPO)
```

图1-4　常用图像文件处理格式

为不同的工作任务选择不同的文件格式非常重要。因为使用Photoshop制作的图像要发布到各个领域，但如果不能对应各应用领域选择正确的文件格式，可能得到的图像相关性会大打折扣，甚至会不能使用。

下面介绍几种在Photoshop操作中常用的图像文件格式。

1.4.1　PSD文件格式

PSD图像文件格式是Photoshop的默认文件格式，能够支持全部图像模式（位图、灰度、双色调、索引验收、RGB、 CMYK、 Lab和多通道），还可以保存图层、Alpha通道及辅助线。

1.4.2　JPEG文件格式

JPEG图像文件格式是互联网上最常见的图像文件格式之一，它既是一种文件格式，又是一种压缩技术，主要用于具有色彩通道性能的照片图像中。JPEG格式支持RGB、CMYK及灰度等色彩模式，也可以保存图像中的路径，但无法保存Alpha通道。

使用JPEG格式保存图像文件的最大优点是能够大幅度降低文件容量，图像经过高倍率的压缩，可使图像文件变得较小。但会丢失部分不易察觉的数据，而且图像质量会有一定的损失，所以在印刷时不宜使用此格式。

1.4.3　TIFF文件格式

TIFF（标签图像文件格式）图像文件格式是为色彩通道图像创建的最有用的格式，可以在许多不同的平台和应用软件间交换文件，应用相当广泛。

该格式是一种通用的位图图像文件格式，几乎所有的绘图、图像编辑和页面设计程序都支持这种格式。TIFF图像文件格式支持具有Alpha通道的CMYL、RGB、Lab、索引颜色和灰度图像，以及没有Alpha通道的位图模式。

TIFF图像文件格式可以保存通道、图层和路径。但是，如果在其他应用程序中打开此格式的图像，所有图层将被拼合。只有在Photoshop中打开时，才能够修改其中的图层。

1.4.4　GIF文件格式

GIF图像文件格式是为在网络上传输图像而创建的文件格式，它使用8位颜色，可以在保留图像细节的同时，有效压缩实色区域。因为GIF图像文件格式只有256种颜色，当原来的24位图像转换为8位GIF文件时，会导致颜色信息的丢失。

GIF图像文件格式最大的特点是能够创建具有动画效果的图像，在Flash没有出现之前，几乎所有动画图像均要保存为GIF格式。

此外，GIF文件格式支持背景透明，如果需要在设置网页时使用图像最好与背景融合，则需要将图像保存为GIF文件格式。GIF文件格式还可以进行LZW压缩，缩短图形加载的时间，使图像文件占用较少的磁盘空间。

1.4.5　PDF文件格式

PDF文件格式是由Adobe acrobat软件生成的文件格式。该格式文件可以存有多页信息，其中包含图形文件的查找和导航功能。因此，使用该软件不需要排版或图像软件即可获得图文混排的版面。由于该格式支持超文本链接，因此是网络下载经常使用的文件格式。

1.4.6　PNG文件格式

PNG原为可移植网络图形格式，名称来源于非官方的"PNG's Not GIF"，是一种位图文件（bitmap file）存储格式，读成"ping"。其目的是试图替代GIF和TIFF文件格式，同时增加一些GIF文件格式所不具备的特性。PNG用来存储灰度图像时，灰度图像的深度可多达16位；存储彩色图像时，彩色图像的深度可多达48位，并且还可存储多达16位的Alpha通道数据。PNG使用从LZ77派生的无损数据压缩算法，一般应用于Java程序、网页或S60程序中，这是因为它压缩率高，生成文件容量小。

PNG格式有8位、24位、32位三种形式，其中8位PNG支持两种不同的透明形式（索引透明和Alpha透明），24位PNG不支持透明，32位PNG在24位的基础上增加了8位透明通道，因此可展现256级透明程度。

PNG8和PNG24后面的数字是代表这种PNG格式最多可以索引和存储的颜色值。8代表2的8次方也就是256色，而24则代表2的24次方，大概有1 600多万色。

PNG8支持1位的布尔透明通道，所谓布尔透明，指的是要么完全透明要么完全不透明，PNG24则支持8位（256阶）的Alpha通道透明，也就是说可以存储从完全透明到完全不透明一共256个层级的透明度（所谓的半透明）。

1.4.7　BMP文件格式

BMP（bitmap）是Windows操作系统中的标准图像文件格式，Windows画笔程序就使用BMP格式，它支持32位的色彩深度，支持RGB、索引颜色、灰度、位图等色彩模式，这种格式包含的图像信息较为丰富，几乎不进行压缩，所以此类文件格式所占用的磁盘空间也较大。但在Photoshop中此类格式的文件不能保存Alpha通道、路径等信息。

1.4.8　RAW文件格式

Photoshop Raw格式是一种灵活的文件格式，用于在应用程序与计算机平台之间传递图像。这种格式支持具有Alpha通道的CMYK、RGB和灰度图像及无Alpha通道和Lab的图像。以Photoshop Raw格式存储的文档可为任意像素大小或文件大小，但不能包含图层。

Photoshop Raw格式由一串描述图像中色彩信息的字节构成。每个像素都以二进制格式描述，0代表黑色，255代表白色（对于具有16位通道的图像，白色值为65535）。Photoshop指定描述图像所需的通道数及图像中的任何其他通道。可以指定文件扩展名（Windows）、文件类型（Mac OS）、文件创建程序（Mac OS）和标头信息。

1.5　颜色基础知识

颜色的基础属性由色相、饱和度和亮度三个基本属性构成。

在Photoshop中，用RGB的色光混合（也就是加法混合）来模拟颜色的显示。我们可以使用键盘上的快捷键F6键来显示或隐藏颜色调板（见图1-5）。

RGB色彩模式是一种基于显示器原理形成的色彩模式，即色光的彩色模式，是一种加色模式。它由R（红色）、G（绿色）、B（蓝色）三种颜色叠加形成其他色彩，由于每一种色彩都有256个亮度水平级，即从0~255，所以它们可以表达的色彩就是256×256×256=16 777 216种。

在实际中，我们在打印输出时用的是CMYK的颜色混合模式（减法混合）（见图1-6）。这是一种基于印刷的色彩模式，即减色模式。在物理学上是这样描述的：我们的眼睛为什么能够看到物体的颜色呢？是因为日光照射到物体上，由于物体吸收了一部分色光，把其他剩下的光反射到了我们眼中，而我们的眼中形成了色彩。如红旗，它吸收了白光中的青光，我们的眼睛就感觉到它是红色了。

图1-5　颜色调板

图1-6　CMYK色彩模式

1.5.1　RGB颜色模式

RGB颜色模式是工业界的一种颜色标准，是通过对红（R）、绿（G）、蓝（B）三个颜色通道的变化及它们相互之间的叠加来得到各式各样的颜色。RGB即是代表红、绿、蓝三个通道的颜色，这个标准几乎包括了人类视力所能感知的所有颜色，是目前运用最广的颜色系统之一。

RGB色彩模式使用RGB模型为图像中每一个像素的RGB分量分配一个2~255范围内的强度值。RGB图像只使用三种颜色，就可以使它们按照不同的比例混合，在屏幕上重现16777216（256×256×256）种颜色。

1.5.2　CMYK颜色模式

CMYK颜色模式也称为印刷色彩模式，是一种依靠反光的色彩模式，与RGB类似，C、M、Y是3种印刷油墨名称的首字母：cyan（青色）、magenta（品红色）、yellow（黄色）。而K取的是black最后一个字母，之所以不取首字母，是为了避免与蓝色（blue）混淆。从理论上来说，只需要C、M、Y三种油墨就足够了，它们三个加在一起就应该得到黑色。但是由于目前制造工艺还不能制造出高纯度的黑色油墨，C、M、Y相加的结果实际上是一种暗红色。

CMYK之所以称为印刷色彩模式，顾名思义就是用来印刷的。它和RGB相比有一个很大的不同：RGB模式是一种发光的色彩模式，在一间黑暗的房间内仍然可以看见屏幕上的内容。CMYK是一种依靠反光的色彩模式，我们是怎样阅读报纸上的内容呢？是由阳光或灯光照射到报纸上，再反射到我们的眼中，才看得到内容。它需要有外界光源，如果在黑暗房间内，是无法阅读报纸的。

只要在屏幕上显示的图像，就是RGB模式表现的。只要是在印刷品上看到的图像，就是CMYK模式表现的，如期刊、杂志、报纸、宣传画等，都是印刷出来的，那么就是CMYK模式的了。

1.5.3　灰度模式

灰度使用黑色调表示物体，即以黑色为基准色，不同的饱和度的黑色来显示灰度图像。每个灰度对象都具有从0（白色）到100%（黑色）的亮度值。使用黑白或灰度扫描仪生成的图像通常以灰度显示。

使用灰度还可以将彩色图稿转换为高质量黑白图稿。在这种情况下，Adobe Illustrator放弃原始图稿中的所有颜色信息，转换对象的灰色级别（阴影）表示原始对象的亮度。

将灰度对象转换为RGB时，每个对象的颜色值代表对象之前的灰度值，也可以将灰度对象转换为CMYK对象。

自然界中的大部分物体平均灰度为18%。

在物体的边缘呈现灰度的不连续性，图像分割就是基于这个原理。

1.5.4　HSB模式

在HSB模式中，H（hue）表示色相，S（saturation）表示饱和度，B（brightness）表示亮度。HSB模式对应的媒介是人眼。

HSB与HSV相同。

色相（hue，H）：在0°~360°的标准色轮上，色相是按位置度量的。在通常的使用中，色相是由颜色名称标识的，如红色、绿色或是黄色。黑色和白色无色相。

饱和度（saturation, S）：表示色彩的纯度，0时为灰色。白、黑和其他灰色色彩都没有饱和度。在最大饱和度时，每一色相具有最纯的色光。其取值范围为0~100%。

亮度（brightness，B或value，V）：表示色彩的明亮度。0时即为黑色。最大亮度是色彩最鲜明的状态。其取值范围为0~100%。

HSB模式中S和B呈现的数值越高，饱和度和亮度就越高，页面色彩强烈艳丽，对视觉刺激是迅速的、醒目的效果，但不宜长时间观看。以上两种颜色的S数值接近，是强烈的状态。H显示的度是代表在色轮表里某个角度所呈现的色相状态，相对于S和B来说，意义不大。

1.5.5 Lab颜色模式

Lab颜色模式是一种基于人对颜色的感觉的颜色系统。Lab中的数值描述正常视力的人能够看到的所有颜色。因为Lab描述的是颜色的显示方式，而不是设备（如显示器、桌面打印机或数码相机）生成颜色所需的特定色料的数量，所以Lab被视为与设备无关的颜色模型。颜色色彩管理系统使用Lab作为色标，以将颜色从一个色彩空间转换到另一个色彩空间。Lab颜色模式的亮度分量（L）范围是0~100。

Lab色彩模式是由亮度（L）和有关色彩的a、b三个要素组成的。L表示亮度（luminosity），a表示从洋红色至绿色的范围，b表示从黄色至蓝色的范围。L的值域是0~100，当L=50时，就相当于50%的黑；a和b的值域都是由+127~-128，其中+127a就是洋红色，渐渐过渡到-128a的时候就变成绿色。同样的原理，+127b是黄色，-128b是蓝色。所有的颜色就以这三个值交互变化所组成。例如，一块色彩的Lab值是L=100、a=30、b=0，这块色彩就是粉红色。

项目2 Photoshop CS6的设置与基本操作

2.1 Photoshop CS6图像文件操作

2.1.1 打开图像文件

选择【文件】→【打开】命令，弹出【打开】对话框，在该对话框中找到所需图像文件所在的文件夹，选择图像文件并单击【打开】按钮，即可以在Photoshop CS6中打开该文件。

选择【文件】→【打开】命令，也可以打开图像文件。Photoshop CS6支持很多种图像格式，如图2-1所示为【打开】对话框，图2-2所示为Photoshop CS6支持的图像格式列表。

图2-1 【打开】对话框

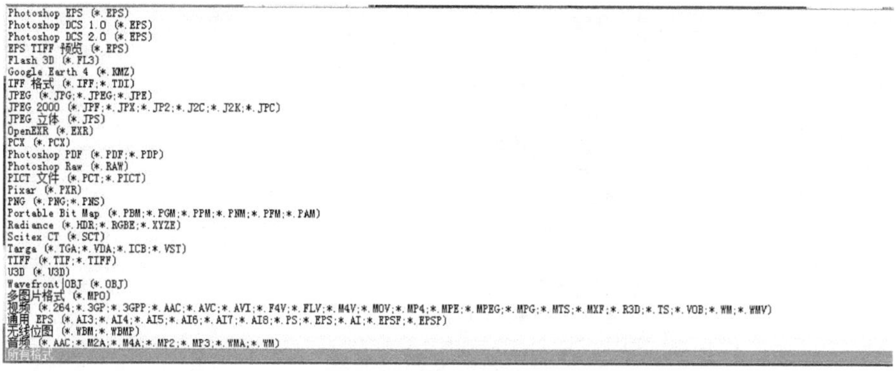
Photoshop EPS (*.EPS)
Photoshop DCS 1.0 (*.EPS)
Photoshop DCS 2.0 (*.EPS)
EPS TIFF 预览 (*.EPS)
Flash 3D (*.FL3)
Google Earth 4 (*.KMZ)
IFF 格式 (*.IFF;*.TDI)
JPEG (*.JPG;*.JPEG;*.JPE)
JPEG 2000 (*.JPF;*.JPX;*.JP2;*.J2C;*.J2K;*.JPC)
JPEG 立体 (*.JPS)
OpenEXR (*.EXR)
PCX (*.PCX)
Photoshop PDF (*.PDF;*.PDP)
Photoshop Raw (*.RAW)
PICT 文件 (*.PCT;*.PICT)
Pixar (*.PXR)
PNG (*.PNG;*.PNS)
Portable Bit Map (*.PBM;*.PGM;*.PPM;*.PNM;*.PFM;*.PAM)
Radiance (*.HDR;*.RGBE;*.XYZE)
Scitex CT (*.SCT)
Targa (*.TGA;*.VDA;*.ICB;*.VST)
TIFF (*.TIF;*.TIFF)
U3D (*.U3D)
Wavefront OBJ (*.OBJ)
多图片格式 (*.MPO)
视频 (*.264;*.3GP;*.3GPP;*.AAC;*.AVC;*.AVI;*.F4V;*.FLV;*.M4V;*.MOV;*.MP4;*.MPE;*.MPEG;*.MPG;*.MTS;*.MXF;*.R3D;*.TS;*.VOB;*.WM;*.WMV)
通用 EPS (*.AI3;*.AI4;*.AI5;*.AI6;*.AI7;*.AI8;*.PS;*.EPS;*.AI;*.EPSF;*.EPSP)
无线位图 (*.WBM;*.WBMP)
音频 (*.AAC;*.M2A;*.M4A;*.MP2;*.MP3;*.WMA;*.WM)
所有格式

图2-2　Photoshop CS6支持的图像格式列表

2.1.2　创建图像文件

在Photoshop CS6中，使用菜单文件中的【新建】命令来设置文档或图像的页面大小及图像的属性，或者使用键盘上的快捷键Ctrl+N来进行页面设置（如图2-3所示）。

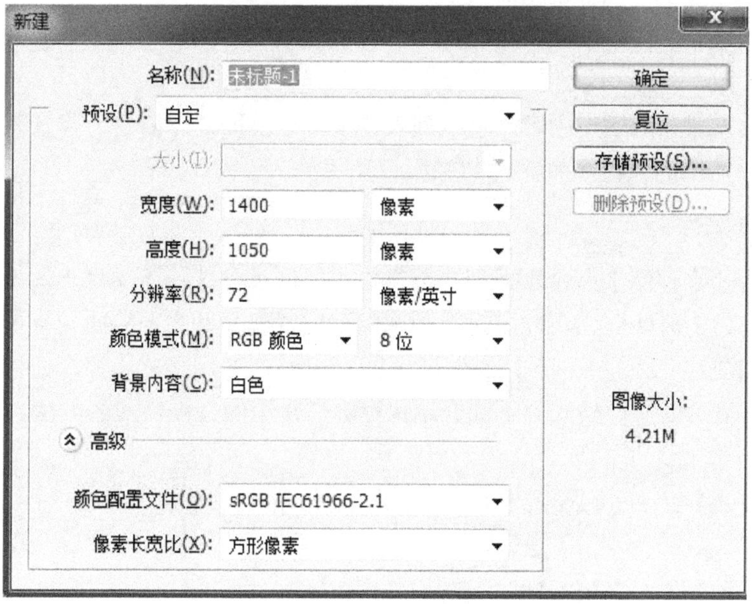
新建
名称(N): 未标题-1
确定
预设(P): 自定
复位
大小(I):
存储预设(S)...
宽度(W): 1400 像素
删除预设(D)...
高度(H): 1050 像素
分辨率(R): 72 像素/英寸
颜色模式(M): RGB 颜色 8 位
背景内容(C): 白色
图像大小:
4.21M
高级
颜色配置文件(O): sRGB IEC61966-2.1
像素长宽比(X): 方形像素

图2-3　【新建】对话框

在打开的【新建】对话框中，我们可以设置图像的一些基本属性。

名称：新建的图像名称。

预设：在下拉列表的选项中规定了各种常用纸张的大小，也可以自定义设置（如图2-4所示）。

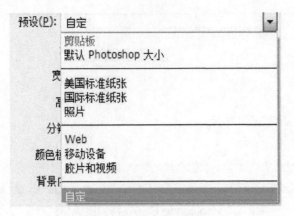

图2-4　自定义设置

宽度：文档的宽度，单位有像素、厘米、毫米、英寸、点、派卡、列，我们只需按照自己的需要来进行选择即可。

高度：同宽度的设定一样。

分辨率：可以设定文档或图像的分辨率，分辨率越高，图像越清晰；反之，图像在单位尺寸中的像素数就少，图像的清晰度就不高。

颜色模式：设置图像文件采用的颜色模式与位深度，如果将来要打印输出，就需要选择CMYK模式。

背景内容：设置背景的填充内容。下拉列表选项中有三种，即白色、背景色及透明。

高级：设置要使用的颜色配置文件与像素长宽比。

2.1.3　保存图像文件

选择【文件】→【存储】命令可保存当前文件中的修改，选择【文件】→【存储为】命令，弹出【存储为】对话框，在此可设置图像保存位置、文件名、格式与存储选项，可保存的文件格式如图2-5所示。选择【文件】→【存储为web所用格式】命令，可以将图像保存为适用于网络显示的文件格式。下面介绍保存为最常用的文件格式的方法。

图2-5　保存的文件格式

2.1.3.1　保存为PSD格式

PSD文件格式是phthalic的默认保存格式，也是Photoshop CS6自身的文件格式，能完整地保存文件中的图层、蒙版、通道、路径、未栅格化文字、图层样式等信息，当再次打开该文件时，可以对其再次进行修改，不过操作信息是重新记录的。

2.1.3.2　保存为JPEG格式

处理完图像后，选择【文件】→【存储为】命令，弹出【存储为】对话框，设置【格式】为JPEG，单击【保存】按钮，会弹出如图2-6所示的【JPEG选项】对话框。

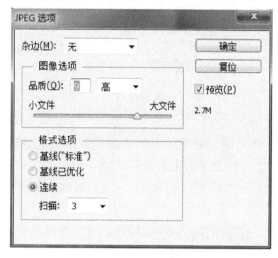

图2-6　【JPEG选项】对话框

图像选项：设置图像文件的保存品质，可直接输入数值或拖动滑块，也可在下拉列表中选择预设品质，数值越大，压缩越少、品质越高，细节越丰富。

格式选项：设置文件在显示器中显示时的扫描方式。

预览：勾选此复选框可预览文件保存后的大小。

2.1.3.3　保存为GIF格式

GIF文件格式是基于网络传输图像而创建的一张图片文件格式，它支持透明背景和动画，在保存为GIF文件格式之前，必须将图片格式转换为位图、灰阶或索引色等颜色模式，如图2-7所示。

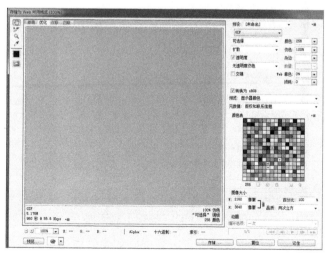

图2-7　保存为GIF格式

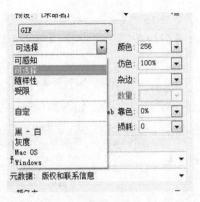

续图2-7

2.1.3.4 保存为TIFF文件格式

TIFF文件格式是一种无损压缩格式，便于应用程序之间和计算机平台之间的图像数据交换。因此，TIFF文件格式是应用非常广泛的一种图像格式，可以在许多图像软件和平台之间转换。TIFF文件格式支持RGB、CMYK和灰度三种颜色模式，还支持使用通道、图层和裁切路径的功能。

在Photoshop CS6中，另存图像为TIFF文件格式时，会弹出【TIFF选项】对话框，如图2-8所示。

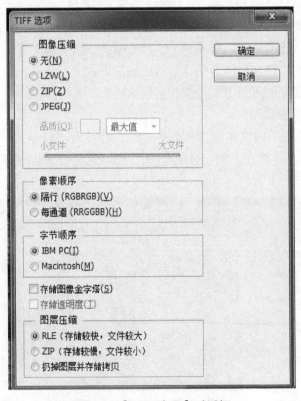

图2-8　【TIFF选项】对话框

图像压缩：设置图像文件的压缩方式，并可调整压缩后的品质与文件大小。

像素顺序：此选项主要用于PC机与苹果机之间的跨平台使用，目前一般不会遇到此

14

类兼容问题。

字节顺序：从中选择PC机或苹果机的字节顺序。

图层压缩：选择图层压缩方式，以减少文件所占磁盘空间。虽然可以减小文件大小，但会增加打开文件和存储文件的时间。

2.1.3.5　保存为PSB格式

PSB文件格式是Photoshop CS6的大型文件格式，该文件格式能完全保留Photoshop CS6中的全部信息，包括保持通道、图层样式和滤镜效果不变，最高可支持300000像素大小的超大图像文件，而且该文件格式只能在Photoshop CS6中打开。

2.1.3.6　保存为PDF格式

PDF文件格式可以存有多页信息，其中包含图形文件的查找和导航功能。因此，使用该软件不需要排版或图像软件即可获得图文混排的版面。由于该格式支持超文本链接，因此是网络下载经常使用的文件格式。

2.1.4　重置图像大小

打开图片，选择【图像】→【图像大小】命令，弹出【图像大小】对话框，如图2-9所示。在此对话框中可以看到原图像大小、分辨率等信息，Photoshop CS6会用两种单位来向用户展示图像信息，我们可以按照自己的意思对图像大小进行相应的修改。

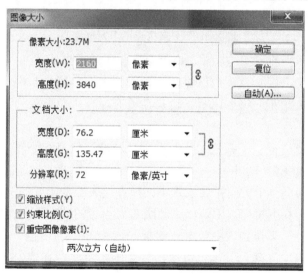

图2-9　【图像大小】对话框

像素大小：用于设置图像高宽的像素点的多少，决定了图像打印图片的大小。

文档大小：用于设置图像的输出大小，在打印过程中决定了打印图片的大小。

缩放样式：与约束比例同步。

约束比例：与缩放样式共同决定对图像大小进行操作时，图像高宽是否等比缩放。勾选此复选框后，改变图像的任一数值，另一数值将等比变化。

重定图像像素：像素大小和文档大小是有对应关系的，具体关系参照公式：像素大小（高度×宽度）=文档大小（高度×宽度×分辨率的平方），分辨率单位要选择"像素/英寸"，与高度、宽度的单位统一。取消勾选"重定图像像素"复选框，"像素大小"选项区域中的参数变为不可更改，更改文档大小里的任何数据，分辨率随之变动，且变动数值符合公式；勾选时，更改任何数据，图像的像素均随之变化。

2.1.5　改变画布尺寸

选择【图像】→【画布大小】命令，弹出【画布大小】对话框，如图2-10所示。在该对话框中，可以改变当前图像所属画布的大小。

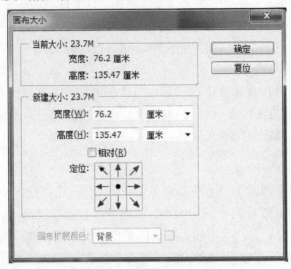

图2-10　【画布大小】对话框

当前大小：显示当前图像的尺寸，也是原始画布的大小。

新建大小：改变高度、宽度数值将改变画布的大小，将画布缩小，图像将会被裁剪掉相应的区域；增大画布，将会以背景色自动填充。在单位下拉列表中可以更改画布的高度、宽度单位。

相对：勾选此复选框，"新建大小"选项区域的数值将归为零，此时输入数值，画布将根据数值精确地变化。

定位：决定画布向哪个方向扩展或缩小，黑点代表的是图像的位置。

画布扩展颜色：在下拉列表中可以更改画布大小后的填充颜色，默认为背景色。

"画布扩展颜色"下拉列表中包含"前景""背景""白色""灰色"与"黑色"等选项，如果需要自定义颜色，则可以单击右侧的小色块，在弹出的【拾色器】对话框中进行设置。

2.2　Photoshop CS6的工作界面

Photoshop CS6的工作界面又有了新的改进，新增加的程序栏使得整个工作界面的布局更加合理，能更快地显示各类调板，使操作更加方便。

2.2.1　工具箱

在Photoshop CS6中，工具的种类与数量不断增加，操作更加方便，更加快捷，如图2-11所示。

2.2.1.1　折叠与展开工具箱

Photoshop CS6的工具箱能够非常灵活地伸缩，使操作界面更加快捷。用户可以根据操作需要将工具箱变为单栏显示或双栏显示。

位于工具箱最上面的区域称为伸缩栏，其左侧的两个小三角形可以对工具箱的伸缩功能进行控制，如图2-12所示。

2.2.1.2　选择工具

工具箱中的每一类工具都有两种选择方法，即在工具箱中直接单击要使用的工具或者按相应工具的快捷键。

在工具箱中，多数工具的快捷键就是当完全显示工具名称时右侧的字母。如【魔棒工具】右侧的字母是"W"，如图2-13所示，表示按【W】键可以激活此工具。如果不同的工具有同一个快捷键，则表明这些工具属于同一个工具组，按快捷键的同时加按【Shift】键就可以在这些工具之间进行切换。

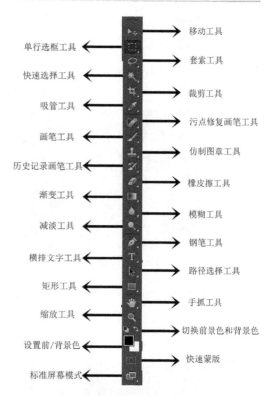

图2-11　工具箱

单栏　　双栏

图2-12　工具箱单栏、双栏显示

图2-13　快捷键

2.2.2　工具选项栏

工具选项栏是用来设置工具选项的，在工具选项栏中，不同的工具会对应不同的选项。如图2-14所示，为渐变工具所对应的工具选项栏。

图2-14　工具选项栏

2.2.2.1　隐藏和显示工具选项栏

执行【窗口】→【选项】命令，可以用来隐藏或者显示工具选项栏。

2.2.2.2 创建工具预设

在工具选项栏中，单击工具图标右侧的 ▾ 按钮，可以打开一个下拉的调板，包含了所选择的工具的预设，如图2-15所示。单击工具预设下拉调板中的 按钮，可以在当前工具选项的基础上新建一个工具预设，如图2-16所示。

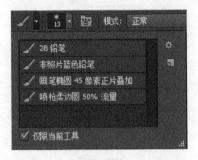
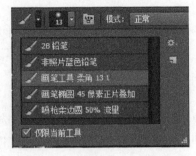

图2-15 所选择的工具预设　　　　　图2-16 新建一个工具预设

2.2.2.3 复位工具预设

用于清除工具的预设，单击工具预设下拉调板右上角的 按钮，在弹出的菜单中选择【复位工具预设】命令，如图2-17所示。

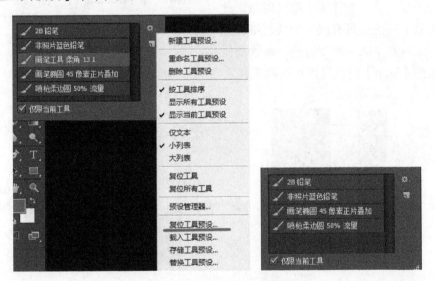

图2-17 复位工具预设

2.2.3 菜单栏

Photoshop CS6的菜单栏包括【文件】、【编辑】、【图像】、【图层】、【选择】、【滤镜】、【3D】等，每个菜单中还包含很多子菜单和命令。菜单栏复杂庞大，看起来眼花缭乱，但实际上经常用到的只是其中的几类。我们只需要对常用的命令进行学习和掌握就行了，菜单栏中的各级子菜单和命令，将会在后面的章节中详细讲解。

2.2.4 调板

在Photoshop CS6中，在工作范围内部可能同时使用所有的调板（也称为面板），可以通过对调板的隐藏与显示，来实现对调板的管理。一方面便于在众多的调板中快速找到所需要的调板；另一方面也能最大限度地显示图像文件，更有利于图像文件的操作。

在众多调板中，最常用的调板是【图层】、【路径】、【通道】、【历史记录】等。

2.2.4.1 显示和隐藏调板

在【窗口】菜单中选择相应的命令即可隐藏该调板，再次选择此命令可以显示该调板。

例如，选择【窗口】菜单中的【图层】命令层会隐藏【图层】调板，再次选择【窗口】菜单中的【图层】命令会显示【图层】调板。

2.2.4.2 显示和隐藏调板

调板也可以和工具箱一样展开或折叠，对调板的展开或折叠功能进行控制的同样是位于调板上方左侧的两个小三角形。单击两个小三角形可以实现调板的展开或者折叠，使调板在图标显示折叠状态和显示展开状态之间进行切换，如图2-18、图2-19所示。

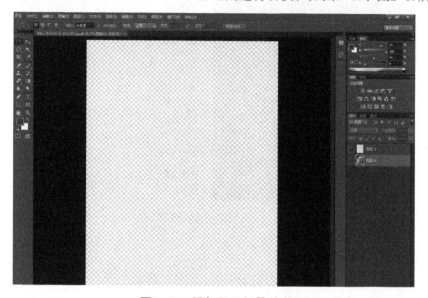

图2-18 图标显示折叠状态

图2-19 图标显示展开状态

2.2.4.3 调板快捷菜单

在调板的右上角有一个 ▾≡，单击该按钮即可弹出此调板的快捷菜单，如图2-20所示，这些调板的快捷菜单中的命令也是经常使用的。

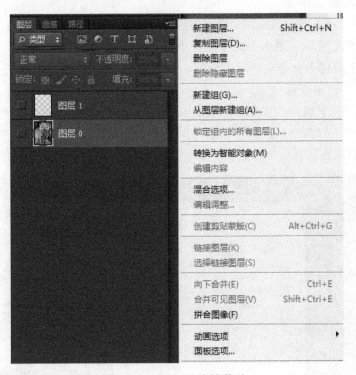

图2-20 调板的快捷菜单

2.2.4.4 组合及拆分调板

在Photoshop CS6中，可将调板任意组合、拆分，将两个或者三个调板组合在一个调板组中，也可以将一个调板组中的调板拆分成单独的调板。

2.3 Photoshop CS6的辅助工具

标尺、参考线、网格等都属于辅助工具，能够帮助我们更好、更准确地完成对图像的选择、定位等操作，辅助完成对图像的编辑。

2.3.1 标尺

标尺用于帮助用户对操作对象进行测量。利用标尺不仅可以测量对象的大小，还可以从标尺上拖出参考线，以帮助获取图像的边缘。

2.3.1.1 显示或隐藏标尺

执行【视图】→【标尺】命令，可以在工作的任何时候显示或隐藏标尺，也可以按住【Ctrl+R】快捷键显示标尺，如图2-21所示。

图2-21　隐藏和显示标尺

2.3.1.2　改变标尺的单位

若工作需要，可以执行【编辑】→【首选项】→【单位与标尺】命令，在弹出的对话框中设定标尺单位。

改变当前操作文件度量单位最快捷的操作方法是在文件标尺上右击，在弹出的如图2-22所示的快捷菜单中，选择所需要的单位，以改变标尺的单位。

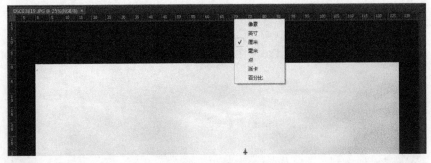

图2-22　快捷菜单

2.3.2　参考线

　　参考线分为水平参考线和垂直参考线两种，能够帮助用户对齐图像并准确放置图像的位置，根据需要可以在文档窗口放置任意数量的参考线，参考线在文件打印输出时是不会被打印出来的。

　　如果在图像中创建参考线，首先需要创建标尺，然后将光标置于标尺上并按住鼠标左键不放，向图像内部拖动，即可创建参考线；或者是执行【视图】→【新建参考线】命令，也可创建参考线，如图2-23、图2-24所示。

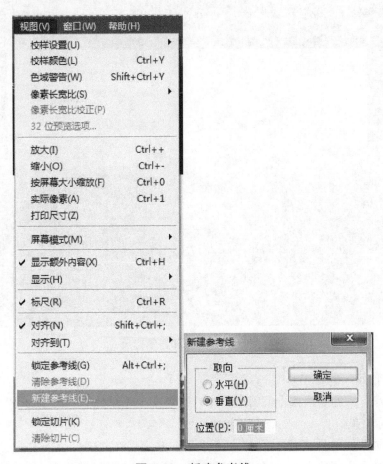

图2-23　新建参考线

图2-24 显示参考线

2.3.3 显示额外内容

在Photoshop CS6中，可以启用或禁用任何额外内容的组合而不影响图像，还可以显示或隐藏已经启用的额外内容以清理工作区。

要显示或隐藏所有已启用的额外内容，执行【视图】→【显示额外内容】命令。【显示】子菜单中已启用的额外内容旁边都会出现一个选中标记。

要启用并显示单个额外内容，执行【视图】→【显示】命令，然后从子菜单中选择额外内容选项。

要启用并显示所有可用的额外内容，执行【视图】→【显示】→【全部】命令。

要禁用并隐藏所有额外内容，执行【视图】→【显示】→【无】命令。

要启用或禁用额外内容组，执行【视图】→【显示】→【显示额外选项】命令。

2.4 Photoshop CS6的首选项设置

Photoshop CS6的首选项包括【常规】选项，【界面】选项，【文件处理】选项，【性能】选项，【光标】选项，【透明度与色域】选项，【单位与标尺】选项，【参考线、网格和切片】选项及【增效工具】选项和【文字】选项、3D选项等，其中大多数选项都是在【首选项】对话框中设置的。每次退出应用程序时都会存储首选项设置。

2.4.1 常规

执行【编辑】→【首选项】→【常规】命令，弹出【首选项】对话框，如图2-25、图2-26所示。左侧列表框中是各个首选项的名称，可以通过单击右边的【上一个】或者【下一个】按钮来切换相关的设置内容；右侧窗口中是相对应的选项。

拾色器：用来选择Adobe拾色器或者是Windows拾色器。Adobe拾色器可以使用4种颜

图2-25　【常规】选项

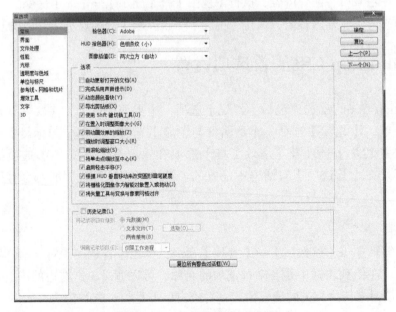

图2-26　【首选项】对话框

色模式来选取颜色，即HSB、RGB、Lab和CMYK。使用Adobe拾色器可以设置前景色、背景色和文本颜色，也可以为不同的工具、命令和选项设置目标颜色，如图2-27所示。Windows拾色器仅涉及基本的颜色，允许根据两种色彩模式选择需要的颜色。

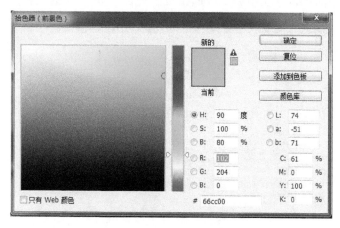

图2-27　用拾色器设置目标颜色

图像插值：在改变图像大小时，Photoshop CS6会遵循一定的图像插值方法来删除或者增加像素，选择【邻近】选项，表示用一种低精度的方法生成像素，速度快但是容易产生锯齿；选择【两次线性】选项，表示用一种平均周围像素颜色值的方法来生成像素，可以生成中等质量的图片；选择【两次立方】选项，表示用一种将周围像素值分析作为依据的方法生成像素，速度比较慢，但是精确度高。

自动更新打开的文档：选中该复选框后，如果当前打开的文件被其他的程序修改并且保存，文件会在Photoshop中自动更新。

完成后用声音提示：完成文件操作时，程序会发出提示声音。

动态颜色滑块：设置在移动【颜色】调板中的滑块时，颜色是否随着滑块的移动而改变。

导出剪贴板：在关闭Photoshop CS6时，复制到剪切板中的内容可以被其程序使用。

使用Shift键切换工具：选中该复选框后，工具箱的同一组工具之间可以使用工具快捷键+Shift键进行切换，不选中此复选框，只需要按下工具快捷键就可以切换。

在置入时调整图像大小：粘贴或者置入图像时，图像会基于当前文件的大小而自动对图像进行调整。

带动画效果的缩放：使用缩放工具缩放图像，会产生平滑的缩放效果。

缩放时调整窗口大小：使用键盘快捷键缩放图像大小时，会自动调整窗口的大小。

用滚轮缩放：使用鼠标的滚轮来缩放图像大小。

将单击点缩放至中心：使用缩放工具时，可以将单击点的图像缩放到图像中心。

启用轻击平移：使用抓手工具平移画面时，放开鼠标左键，图像也会移动。

历史记录：指定历史记录数据的存放位置，以及历史记录中所包含的信息的详细程度。元数据是指历史记录存储为文件中的元数据。文本文件是指历史记录存储为文本文件。两者兼有是指历史记录既存储为元数据又存储为文本文件。

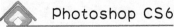

复位所有警告对话框：用于重新显示已经取消显示的警告对话框。

2.4.2　界面

在【首选项】对话框中切换到【界面】设置界面，如图2-28所示。

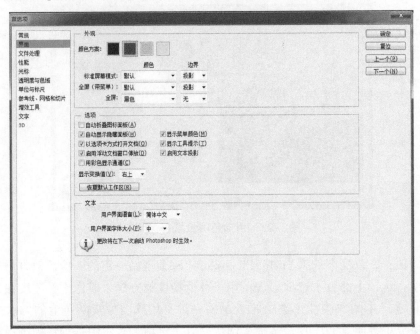

图2-28　【界面】设置界面

标准屏幕模式/全屏（带菜单）/全屏：用于设置这3种屏幕的颜色和边界效果，如图2-29~图2-31所示。

图2-29　标准屏幕模式

图2-30　全屏（带菜单）

图2-31　全屏

显示工具提示：将鼠标放到工具上，会显示当前工具的快捷键和名称。

自动折叠图标面板：不使用的国标调板，调板会自动重新折叠为图标状。

自动显示隐藏面板：暂时显示隐藏的调板。

文本：可以设置用户界面的语言和字体大小，修改后需要重新启动Photoshop CS6才能运行。

2.4.3 文件处理

在【首选项】对话框中切换到【文件处理】设置界面，如图2-32所示。

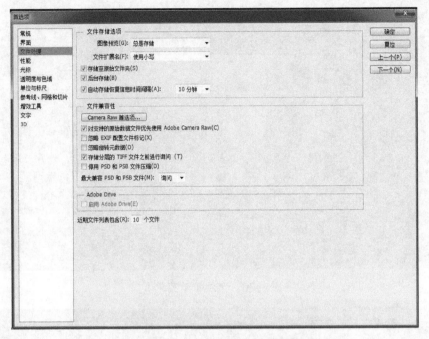

图2-32 【文件处理】设置界面

图像预览：设置存储图像时，是否保存图像缩略图。

文件扩展名：修改文件扩展名是"大写"还是"小写"。

Camera Raw首选项：单击该按钮可以设置Camera Raw的首选项。

存储分层的TIFF文件之前进行询问：保存分层文件时，如果存储为TIFF格式，会弹出对话框。

近期文件列表包含：用于设置【文件】→【最近打开文件】子菜单中的能够保存的数量。

2.4.4 性能

在【首选项】对话框中切换到【性能】设置界面，如图2-33所示。

内存使用情况：显示计算机内存使用情况，可以在文本框中输入数值来调整Photoshop CS6的内存使用量，修改后需要重新运行Photoshop CS6才能生效。

暂存盘：当系统没有足够的内存来执行某个操作时，Photoshop CS6会使用一种虚拟内存技术，也就是暂存盘，暂存盘是任何具有空闲内存的驱动器或者驱动器分区。在该选项组中，也可以把暂存盘修改到其他的驱动器上。

历史记录与高速缓存：用来设置【历史记录】调板中可保留的历史记录的数量及高速缓存的级别。

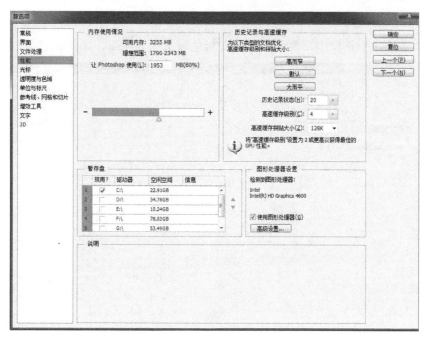

图2-33 【性能】设置界面

2.4.5 光标

在【首选项】对话框中切换到【光标】设置界面，用于设置绘画时光标的显示方法和精确度，如图2-34所示。

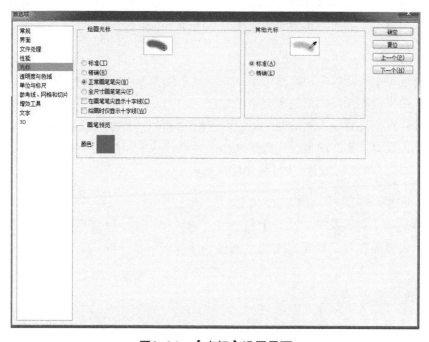

图2-34 【光标】设置界面

2.4.6 透明度与色域

在【首选项】对话框中切换到【透明度与色域】设置界面，如图2-35所示。

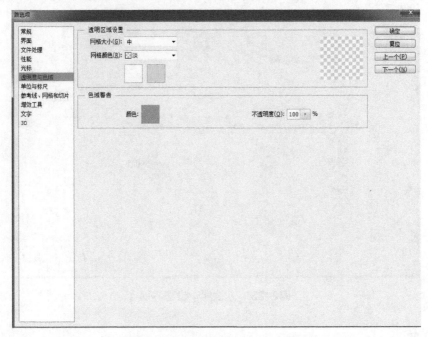

图2-35 【透明度与色域】设置界面

网格大小：当图像中的背景为透明区域时，会显示为棋盘格形状，可以通过该选项修改棋盘格的颜色效果。

色域警告：用于显示图像中的溢色，系统默认为灰色，可以单击【颜色】后的色块，在弹出的对话框中选择其他的颜色来显示图像中的溢色。

2.4.7 单位与标尺

在【首选项】对话框中切换到【单位与标尺】设置界面，如图2-36所示。

单位：用来设置标尺的单位和文字的单位。

列尺寸：用于设置导入到InDesign排版的图像的宽度和装订线的尺寸。

新文档预设分辨率：用来设置新建文档的屏幕分辨率和打印分辨率。

点/派卡大小：设置如何定义每英寸的点数。

2.4.8 参考线、网格和切片

在【首选项】对话框中切换到【参考线、网格和切片】设置界面，如图2-37所示。改命令用来设置参考线、智能参考线、网格和切片的颜色和样式，便于在Photoshop CS6中加以区分。

2.4.9 增效工具

在【首选项】对话框中切换到【增效工具】设置界面，增效工具是由Adobe和第三方软件开发商开发的，可以在Photoshop CS6中使用的外挂滤镜或者插件。Photoshop CS6的自带滤镜或者插件都保存在安装目录下的Plug-Ins文件夹中。如果将滤镜或者插件安装在

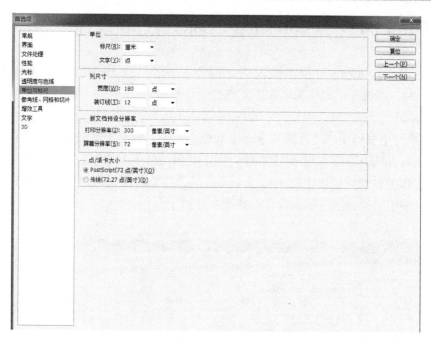

图2-36　【单位与标尺】设置界面

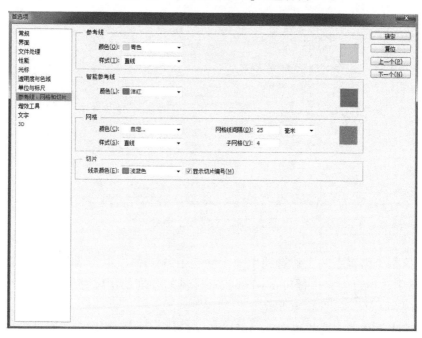

图2-37　【参考线、网格和切片】设置界面

其他的文件夹中，选中【附加的增效工具文件夹】复选框就可以使用安装的外挂滤镜和插件。

2.4.10　文字

在【首选项】对话框中切换到【文字】设置界面，文字选项主要用于在Photoshop CS6中对文字功能进行简单的设置。

2.5　实战案例——Photoshop CS6的首选项设置

Photoshop CS6的首选项参数设置，决定了用户在工作中能否更加有效地使用Photoshop CS6，以提高用户的工作效率，创造更多的效益。

操作步骤：

（1）执行【编辑】→【首选项】→【常规】命令，弹出【首选项】对话框，在【拾色器】下拉列表框中选择【Adobe】选项，在【图像插值】下拉列表框中选择【两次立方（自动）】选项。然后选中【历史记录】复选框，在【将记录项目存储到】后选择【元数据】单选按钮，其他保持默认设置，如图2-38所示。

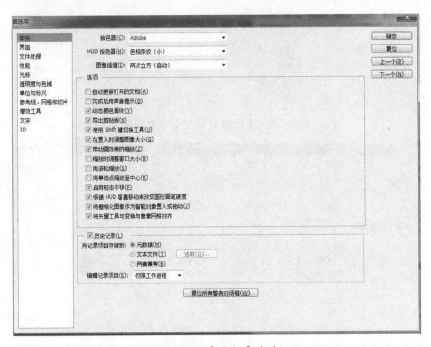

图2-38　【常规】命令

（2）执行【编辑】→【首选项】→【性能】命令,弹出【首选项】对话框，在【内存使用情况】选项组中，根据Photoshop CS6提供的合理使用内存范围内设置Photoshop CS6的使用内存大小，如图2-39所示。

（3）在【暂存盘】选项组中Photoshop CS6默认的暂存盘为C盘，默认的历史记录为20。在Windows操作系统中，C盘为系统盘。所以，在Photoshop CS6中的暂存盘设置应该避免设置在C盘，可以设置到其他盘，如图2-40所示。

（4）在【历史记录与高速缓存】选项组中，为了保证在编辑图像文件时有足够的还原空间，通常将历史记录的数量设置在200~500。【高速缓存级别】和【高速缓存拼贴大小】选项保持默认设置，如图2-41所示。

（5）在【首选项】对话框的【性能】设置界面中，可以通过勾选【Open GL绘图】复选框来实现显卡加速。在处理大型或者复杂的图像时启用【Open GL绘图】可以提高图

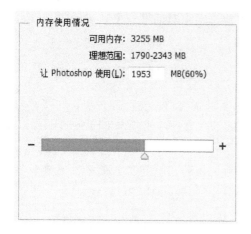

图2-39 【内存使用情况】选项组

图2-40 【暂存盘】选项组

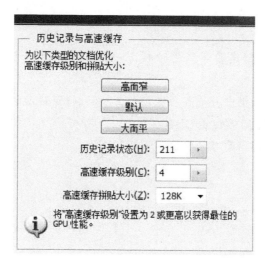

图2-41 【历史记录与高速缓存】选项组

像的处理速度，尤其是在处理分辨率较大的图像和视频文件时，Open GL硬件加速能加快图像处理速度，同时能提高图像的质量。

（6）在【首选项】对话框的【单位与标尺】、【参考线、网格和切片】设置界面中，通常都采用默认设置，一般情况下不做更改。

（7）在【透明度与色域】设置界面中，通常会将【色域警告】选项组中的默认颜色进行修改。修改为警示性比较强的颜色，如红色、黄色等。单击【颜色】后的色块，在弹出的对话框中选择要修改的颜色，单击【确定】按钮，完成色域警告颜色的修改，如图2-42所示。

图2-42 【色域警告】选项组

（8）设置完成后，单击【确定】按钮，退出【首选项】对话框，重新启动Photoshop软件后，【首选项】对话框中的参数设置才会生效。

小　结

本项目主要讲解Photoshop CS6的基础操作，帮助用户来进一步了解Photoshop CS6，并且掌握软件界面中各类命令的分布。同时，学会使用Photoshop CS6的各种辅助工具、Photoshop CS6的软件基本设置，能够帮助用户在今后的操作中提高工作效率，准确、高效地编辑各类图像。

习　题

1.创建一个新文件，在文档中显示参考线，显示与隐藏标尺、网格，将标尺的单位设置为厘米。

在使用拖动的方法创建参考线的时候，一定要先显示标尺，要注意光标放置的位置。

2.在【首选项】对话框中，设置历史记录为300，将暂存盘的位置更改为D盘和E盘，将色域警告的颜色更改为黄色，RGB数值为255/2552/0。

3.自定义自己的工作界面布局。

项目3 Photoshop CS6选区的创建与编辑

选区在Photoshop CS6当中是一个非常重要的概念，用Photoshop CS6处理照片，如调整图像的色调与色彩，运用其他工具对图像进行编辑等几乎都会用到选区，所以，掌握好各种选区的创建方法非常重要。选区、图层和路径是Photoshop CS6的精髓所在。Photoshop CS6提供了丰富的创建选区工具，如矩形选框工具，椭圆选框工具，单行、单列选框工具，套索工具，魔棒工具，钢笔工具，快速蒙版工具等。

选区是封闭的区域，可以是任意形状，但一定是封闭的，不存在开放的选区。

3.1 选区创建

Photoshop CS6中选区的创建，通常由工具箱的第一部分工具及选择菜单命令完成。有些不规则的复杂选区，需要借助钢笔工具、快速蒙版工具、提取（抽出）命令来共同完成。

3.1.1 相关工具

3.1.1.1 选框工具

1.矩形选框工具

矩形选框工具（见图3-1）的快捷键是M键，按下M键可以快速打开矩形选框工具。矩形选框工具的右下角有个小三角箭头，按住鼠标左键，停留几秒，会弹出如图3-2所示的选框工具的其他四种类型。

图3-1 矩形选框工具

矩形选框工具主要是绘制矩形选区，在它的选项条上可以规定所绘制矩形框的大小和比例。不做任何设置时，建立的是规则的矩形选区，结合快捷键再进行绘制时，可以建立正方形选区。

图3-2 选框工具的其他四种类型

2.椭圆选框工具

椭圆选框工具主要是建立椭圆形选区和圆形选区，不做任何设置时，建立的是椭圆形选区，结合快捷键再进行绘制时，可以建立正圆选区。

3.单行选框工具和单列选框工具

单行与单列选框工具的主要功能是建立一个像素的行和列的选区，配合Shift键，可以创建一些表格和辅助线的效果。

3.1.1.2 套索工具

套索工具（见图3-3）的快捷键是L键。Photoshop CS6的套索工具内包含三个工具，它们分别是套索工具、多边形套索工具、磁性套索工具（见图3-4）。套索工具是最基本的选区工具，在处理图像中起着很重要的作用。

图3-3　套索工具　　　　　图3-4　套索工具内包含的三个工具

1.套索工具

套索工具的快捷键是L键，使用套索工具用于建立比较复杂难选的几何形状选区。

2.多边形套索工具

多边形套索工具主要用于建立直线类型的多边形选择区域，首次建立选区时按住Shift键可以使选区的边缘绘制出水平、垂直和45°的样式。

3.磁性套索工具

磁性套索工具像磁铁一样通过捕捉吸住物体的边缘从而建立选区。

按住Alt键可以快速切换套索工具、多边形套索工具和磁性套索工具。

3.1.1.3　魔棒工具及快速选择工具

1.魔棒工具

魔棒工具（见图3-5）的快捷键是W键，它是基于图像中相邻像素的颜色近似程度来进行选择的，适合选区图像中颜色相近或有大色块单色区域的图像，所选取的颜色是以鼠标的落点颜色为基色。

2.快速选择工具

快速选择工具（见图3-6）与魔棒工具的使用原理是一样的，都是基于图像中相邻或相似的色块来进行选区的。

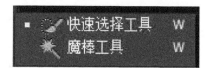

图3-5　魔棒工具　　　　　　　图3-6　快速选择工具

按住Alt键可以快速切换魔棒工具和快速选择工具。

3.1.1.4　【色彩范围】命令

在Photoshop CS6的上方页面工具栏菜单中执行操作：【选择】→【色彩范围】，弹出如图3-7所示的对话框。

图3-7　【色彩范围】对话框

用【色彩范围】命令建立选区与魔棒工具的使用原理相似，都是将图像中满足"取样颜色"要求的所有像素点选出来。色彩范围提供了更多的选区控制，更加清楚地限定了选区范围。

取样颜色可以在预览区和图像中选取（按下Ctrl键可快速切换两者进行预览）。

选择：取样颜色中包括单一颜色或色调，色调有高光、中间调和暗调。

颜色容差：规定选择范围的精确程度，值越大，选择范围越不精确；值越小，选择范围越精确。

3.1.1.5 钢笔工具

钢笔工具（见图3-8），顾名思义如钢笔一样在图像上绘制曲线路径，并且可以编辑已有的曲线路径，其快捷键是P键。钢笔工具包含五个子工具按钮（见图3-9），通过这五个按钮并结合路径选择工具，可以对绘制后的曲线路径进行编辑和修改，以便完成曲线路径的后期修改工作。

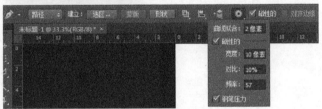

图3-8　钢笔工具及其两个选择按钮　　　图3-9　钢笔工具五个子工具及磁性钢笔选项

Photoshop CS6提供多种钢笔工具。钢笔工具可用于绘制具有最高精度的图像，自由钢笔工具可用于像使用铅笔在纸上绘图一样来绘制路径;磁性钢笔选项可用于绘制与图像中已定义区域的边缘对齐的路径。可以组合使用钢笔工具和形状工具以创建复杂的形状。

（1）钢笔工具"坐落"在Photoshop CS6的工具箱中，鼠标右击"钢笔工具"按钮可以显示出钢笔工具所包含的5个按钮，通过这5个按钮可以完成路径的前期绘制工作。

（2）再用鼠标点击工具栏中▶按钮又会出现两个选择按钮（见图3-8），通过这两个按钮结合上述钢笔工具中的部分按钮可以对绘制后的曲线路径进行编辑和修改，完成曲线路径的后期调节工作。

（3）如果说画布是钢笔工具的舞台，那么路径调板就是钢笔工具的后台了。绘制好的曲线路径都在路径调板中，在路径调板中我们可以看到每条曲线路径的名称及其缩略图（见图3-10）。

其中：⬤指用前景色填充路径（缩略图中的白色部分为路径的填充区域），◯指用画笔描边路径，⬚指将路径作为选区载入，⬡指从选区生成工作路径，▭指添加矢量蒙版，▯指创建新路径，🗑指删除当前路径。

（1）路径节点种类和转换点工具。

路径上的节点有3种，即无曲率调杆的节点（角点）、两侧曲率一同调节的节点（平滑点）和两侧曲率分别调节的节点（平滑点）（见图3-11）。

3种节点之间可以使用转换点工具进行相互转换。选择转换点工具，单击两侧曲率一同调节或两侧曲率分别调节方式的锚点，可以使其转换为无曲率调杆方式，单击该锚点并按住鼠标键拖曳，可以使其转换为两侧曲率一同调节方式，再使用转换点工具移动调杆，又可以使其转换为两侧曲率分别调节方式。

在绘制曲线路径时，锚点的两侧曲率分别调节方式较难控制，下面我们就通过绘制一条曲线来说明如何准确地创建这种调节方式的锚点。选择钢笔工具，先按住Alt键，然后在画布上单击并拖曳，定义第一个锚点，松开鼠标键，再松开Alt键，单击第二个锚点的位置并拖曳，当曲率合适后，先按住Alt键然后将鼠标向上移动，可以看到该锚点变为两侧曲率分别调节方式，当曲率调节合适后，先松开鼠标键然后松开Alt键，在最后一个锚点的位置单击并拖曳来完成此曲线路径的绘制（见图3-12）。

图3-10　路径调板

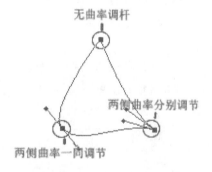

图3-11　路径上的3种节点

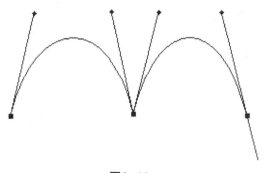

图3-12

（2）自由钢笔工具和磁性钢笔工具。使用自由钢笔工具，我们可以像用画笔在画布上画图一样自由绘制曲线路径。不必定义锚点的位置，因为它是自动被添加的，绘制完后再做进一步的调节。自动添加锚点的数目由"自由钢笔选项"中的"曲线拟合"参数决定，参数值越小，自动添加锚点的数目越大，反之则越小，曲线拟合参数的范围是0.5~10像素。

如果勾选"磁性的"选项，自由钢笔工具将转换为磁性钢笔工具（见图3-13），【磁性的】选项用来控制磁性钢笔工具对图像边缘捕捉的敏感度。宽度是磁性钢笔工具所能捕捉的距离，范围是1~40像素；对比是图像边缘的对比度，范围是0~100%；频率值决定添加锚点的密度，范围是0~100。

（3）添加锚点工具和删除锚点工具。添加锚点工具和删除锚点工具主要用于对现成的或绘制完的曲线路径调节时使用。比如我们要绘制一个很复杂的形状，不可能一次就绘制成功，应该先绘制一个大致的轮廓，然后我们就可以结合添加锚点工具和删除锚点工具对其逐步进行细化直到达到最终效果。

图3-13　自由钢笔选项

3.1.2　工具应用

选区工具运用：

（1）矩形选框工具：它可以直接画出一个矩形的框，如图3-14所示。

图3-14

左上角工具栏中：指向的是新建一个矩形选区；指向的是"添加到选区"，可以在当前选区上增加再次画的选区；指向的是"从选区减去"，可以从已经画的选区中减少再次画的那部分；指向的是"与选区交叉"，意思是已经画好了一个选区，再画一个选区，会只选择两个选区交叉的部分。

（2）椭圆选框工具：它可以直接画出一个椭圆的选区。左上角工具栏功能和矩形选框工具的功能是一样的，但在椭圆选框中画正圆需按住Shift键，如图3-15所示。

图3-15

（3）单行选框工具：直接点击一个图像的地方。它可以画出一行的一个像素的选区，也只能一个像素，如图3-16所示。

图3-16

（4）单列选框工具：直接点击一个图像的地方。它可以画出一列的一个像素的选区，如图3-17所示。

图3-17

（5）在选区工具中可以调整羽化值。例如 羽化: 50像素 ，羽化值是50像素，画出来的选区如图3-18所示，可让角度显得不那么生硬。

图3-18

（6）选区工具的"样式"固定比例：宽度和高度设置成10像素（见图3-19），画出来的只能是正方形，以这个比例为准。如 样式: 固定比例 宽度: 10 高度: 10 。

图3-19

（7）选区工具的"样式"固定大小：宽度和高度设置成50像素（见图3-20），这时点击图片中的任何位置，它画出来的就是50像素×50像素的选区。如

图3-20

（8）套索工具：可以在图片中的任何位置中画，可以画任何形状的。注意：鼠标按住画完了要回到开始画的地方，鼠标会显示一个小圆圈。这样才会变成选区，如图3-21所示。

图3-21

（9）多边形套索工具：一个画一些多边的形状，例如三角形、平行四边形、五角星形等，最后画完了也要回到刚开始画的地方，才会变成选区，如图3-22所示。

图3-22

（10）磁性套索工具：它是点击图片第一个选择的颜色，比如第一个动作点击的是白色脸部，它会像磁铁一样吸着白色的外围走，画完回到刚开始点击的位置，直至变成选区，如图3-23所示。

图3-23

（11）钢笔工具：使用钢笔工具任意绘制一个封闭路径，按住Ctrl+Enter键，即可将路径转化为选区，分别如图3-24、图3-25所示。

（12）取消选区：可在键盘上按住Ctrl+D键。

图3-24

图3-25

3.2 选区编辑

3.2.1 常用操作

常用操作有：全选，使用快捷键Ctrl+A；取消选择，使用快捷键Ctrl+D；重新选择，使用快捷键Ctrl+Shift+D；反选，使用快捷键Shift+Ctrl+I；加选，选区+ Shift；减选，选区+ Alt；羽化，使用快捷键Shift+F6。

羽化时，若羽化的范围超出了选区的范围，PS会提示"未选择任何像素"；若羽化后只选择了选区中低于50%的像素，PS会提示"任何选择都不大于50%选择，选区边角不会显示"。

3.2.2 选区修改

选区的编辑包括调整边缘、边界选区、平滑选区、扩展与收缩选区、羽化选区、扩大选取、选取相似等。建立选区后，工具栏菜单中执行操作：【选择】→【修改】，弹出如图3-26所示的对话框。

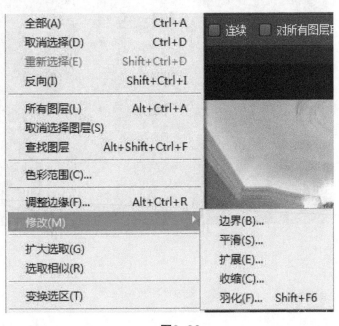

图3-26

3.2.3　选区的扩大选取和选取相似

在工具栏菜单中执行操作：【选择】→【扩大选取】或【选择】→【选取相似】，如图3-27所示。

扩大选取：选择相邻区域中与原选区相似的内容。相似程度由魔棒工具选项栏中的容差值决定。

选取相似：按颜色的近似程度（容差决定）来扩大选区，扩展的选区并不一定与原选区相邻。

3.2.4　选区变换

变换选区：执行【选择】→【变换选区】，变换的是选框，选区里的内容图像不变化。自由变换：执行【编辑】→【自由变换】，也可使用快捷键Ctrl+T。选区和内容图像都将发生变化。

3.2.5　选区的移动与复制

选区移动：使用移动工具，也可使用快捷键V。

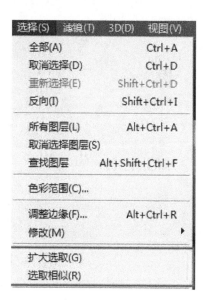

图3-27

选区复制：剪切选区，使用快捷键Ctrl+X；复制选区，使用快捷键Ctrl+C；粘贴选区，使用快捷键Ctrl+V。

复制到新图层：使用快捷键Ctrl+J；复制到同一图层：使用快捷键Ctrl+Alt+拖动选区。

3.3　存储选区与载入选区

一般来讲，存储于载入选区即画好了一个选区，但是暂时不用，还需要操作几步才用，那就要把它存起来，用到存储选区，此时在通道里面就多出来一个通道，那就是你存的选区。到用的时候就要把它调出来，就叫载入选区。

3.3.1　存储选区

在Photoshop CS6中，选区可以作为通道进行存储。执行【选择】→【存储选区】命令，或在【通道】面板中单击【将选区存储为通道】按钮▄，可以将选区存储为Alpha通道蒙版，如图3-28和图3-29所示。

图3-28　建立选区

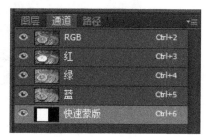

图3-29　【通道】面板

47

当执行【选择】→【存储选区】命令时，Photoshop CS6会弹出【存储选区】对话框，如图3-30所示。

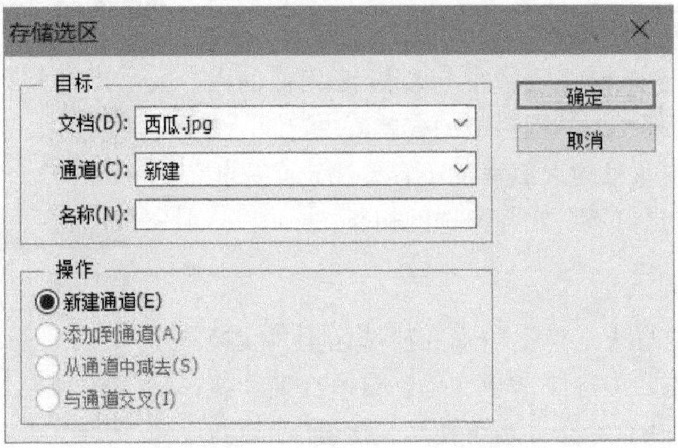

图3-30 【存储选区】对话框

文档：选择保存选区的目标文件。默认情况下将选区保存在文档中，也可以将其保存在一个新建的文档中。

通道：选择将选取保存到一个新建的通道中，或保存到其他Alpha通道中。

名称：设置选区的名称。

操作：选择选区运算的操作方式，包括4种方式：【新建通道】是将当前选区存储在新的通道中；【添加到通道】是将选区添加到目标通道的现有选取中；【从通道中减去】是从目标通道中的现有选区中减去当前选区；【与通道交叉】是将当前选区与目标通道的选区交叉，并存储交叉区域的选区。

3.3.2 载入选区

执行【选择】→【载入选区】命令，或在【通道】面板中按住Ctrl键的同时单击存储选区的通道蒙版缩略图，即可重新载入存储起来的选区，如图3-31所示。

图3-31 载入选区

当执行【选择】→【载入选区】命令时，Photoshop CS6会弹出【载入选区】对话框，如图3-32所示。

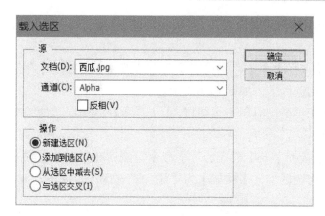

图3-32　【载入选区】对话框

文档：选择包含选区的目标文件。

通道：选取包含选区的通道。

反相：选中该复选框，可以反转选区，相当于载入选区后执行【选择】→【反向】命令。

操作：选择选区运算的操作方式，包括4种。【新建选区】是用载入的选区替换当前选区；【添加到选区】是将载入的选区添加到当前选区中；【从选区中减去】是从当前选区中减去载入的选区；【与选区交叉】可以得到载入的选区与当前选区交叉的区域。

技巧提示：如果要载入单个图层的选区，可以按住Ctrl键的同时单击该图层的缩略图。

3.3.3　存储与载入选区案例

本案例主要针对如何存储与载入选区进行练习，如图3-33所示。

操作步骤如下：

步骤1：打开1.psd素材，如图3-34所示。

图3-33

图3-34

步骤2：按住Ctrl键的同时单击【图层1】(人物所在的图层）的缩略图，载入该图层的选区，如图3-35所示。

步骤3：执行【选择】→【存储选区】命令，然后在弹出的【存储选区】对话框中设置【名称】为【人物选区】，如图3-36所示。

步骤4：按住Ctrl键的同时单击【图层2】（花所在的图层）的缩略图，载入该图层的选区，如图3-37所示。

步骤5：执行【选择】→【载入选区】命令，然后在弹出的【载入选区】对话框中设置【通道】为【人物选区】，【操作】为【添加到选区】，如图3-38所示。

图3-35

图3-36

图3-37

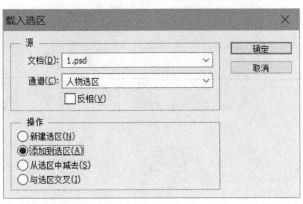

图3-38

步骤6：在【图层】面板中单击【创建新图层】按钮，新建一个【图层3】，然后执行【编辑】→【描边】命令，接着在弹出的【描边】对话框中设置【宽度】为18像素、【颜色】为黄色（R:255，G:245，B:62），【位置】为【居外】。具体参数设置如图3-39所示，效果如图3-40所示。

步骤7：继续新建【图层4】，然后执行【编辑】→【描边】命令，接着在弹出的【描边】对话框中设置【宽度】为12像素、【颜色】为绿色（R:84，G:193，B:68），【位置】为【居外】。具体参数设置如图3-41所示，效果如图3-42所示。

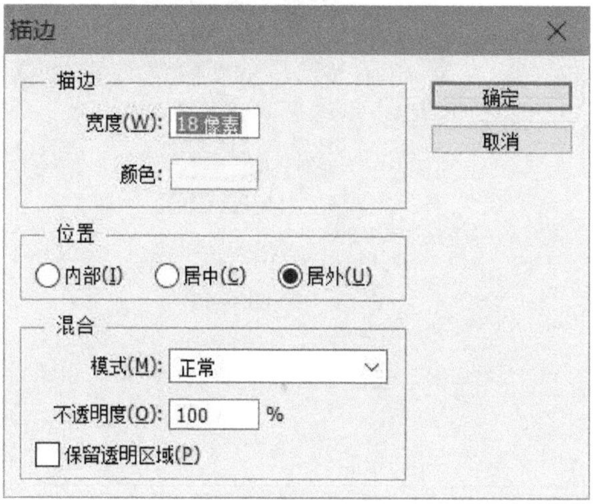

图3-39

图3-40

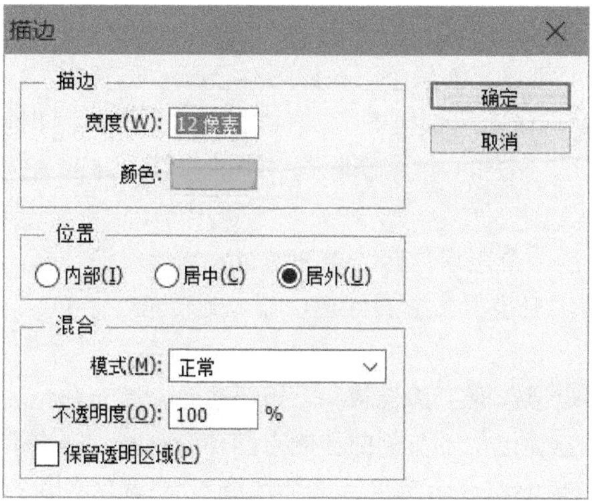

图3-41

图3-42

步骤8：继续新建【图层5】，然后执行【编辑】→【描边】命令，接着在弹出的【描边】对话框中设置【宽度】为6像素、【颜色】为蓝色（R:82，G:144，B:255），【位置】为【居外】。具体参数设置如图3-43所示，最终效果如图3-44所示。

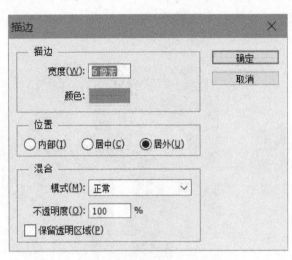

图3-43   图3-44

3.4 选区工具案例

3.4.1 禁烟标志

下面通过一个案例制作一个禁烟标志，来让大家更加了解选区工具的使用，具体操作步骤如下：

（1）新建一个A4大小文档，颜色模式为RGB，背景内容为透明。确定前景色板为黑色，背景色板为白色（按住D键即可）。

（2）新建图层1，用椭圆选框工具按住Shift键在文档中拖动，绘制一个大小适当的正圆。在选区中填充前景色（按住Alt+Delete键填充前景色），如图3-45所示。

（3）点击菜单栏的【选择】→【变换选区】（快捷键为Ctrl+T），按住Shift+Alt键中心点不变等比例缩小，按Enter键确认。按下Delete键，删除选区内的像素，并取消选择（按住Ctrl+D键），如图3-46所示。

（4）新建图层2，用矩形选框工具绘制一个矩形选区，填充黑色，然后取消选择。确认图层2为选中状态，按下Ctrl+T键（自由变换），在属性栏中输入旋转角度为45°，按住Enter键确认，如图3-47所示。

（5）新建图层3，开始绘制香烟。用矩形选框工具绘制一个矩形选区，填充白色。执行【选择】→【变换选区】，按住Alt键拖动把位于左侧的控制点翻动到右侧，得出烟嘴的部分，按下Enter键确认。在烟嘴选区部位填充金黄色，全部选择图层3选区。执行Ctrl+T，并在属性栏中输入旋转角为-45°，按Enter键确认，如图3-48所示。

（6）把图层2拖动至图层3的上方，并同时选中所有图层，点击属性栏中的垂直居中对齐和水平居中对齐。最后合并所有图层，如图3-49所示。

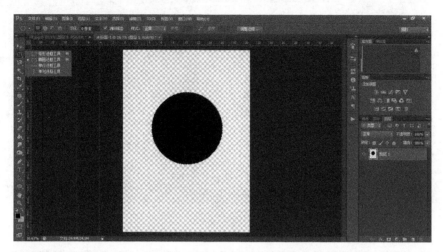

图3-45

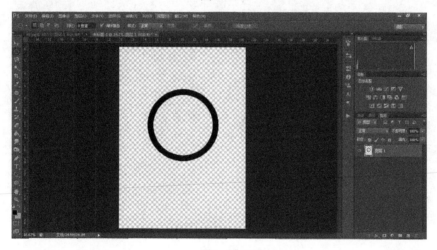

图3-46

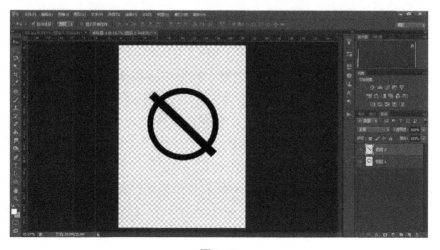

图3-47

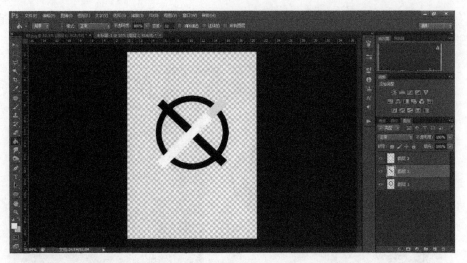

图3-48

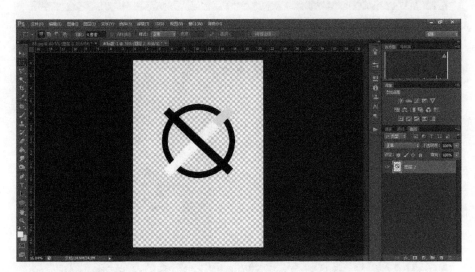

图3-49

3.4.2 人物相关细节调整

制作步骤如下：

（1）按Ctrl+O组合键打开一幅照片素材，在【图层】面板中将【背景】拖曳至面板下方的【创建新图层】按钮 ，创建【背景副本】，如图3-50所示。

（2）选择工具箱中的【磁性套索工具】 ，用鼠标勾画图像中人物衣服的边缘，光标回到起始点，鼠标右下角会出现圆圈，且自动形成一个封闭的选区，如图3-51所示。

（3）单击【图层】面板上的【创建新的填充或调整图层】按钮 ，点击上方【调整】，可选择【添加调整】区域里的第一项【亮度】命令 ，在弹出的【亮度】对话框中输入数值或者拖拉到满意位置，设置完成后，选区内的图像发生改变，如图3-52所示。

54

图3-50

图3-51

图3-52

（4）最终对比图，如图3-53、图3-54所示。

图3-53　对比图（一）　　　　图3-54　对比图（二）

小　结

本项目主要讲解Photoshop CS6的选区工具，从而可以学会在不同的情况下挑选不同的选择工具，进行不同形状选区的选取，并配合工具的多种选项条，精确地进行范围选择。最后结合实例讲述各个选取工具的应用。选取图像范围是图像编辑的第一步，对初学者来说能熟练灵活运用这些工具非常重要。

习　题

1.用什么方法可以选取整个图像的相似颜色区域？

2.哪些工具主要用来选取不规则的区域？

3.如何使用通道建立选区？

4.试着抠取一张带发丝的人物图像，要求边缘没有白边。

项目4 图层操作

4.1 图层的相关概念

4.1.1 图层的分类

Photoshop CS6中的图像通常由多个图层组成。我们可以处理某一个图层的内容而不影响图像中其他图层的内容，如图4-1所示。

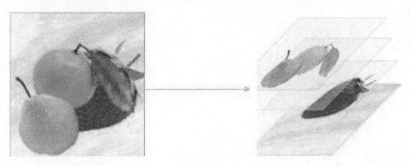

图4-1

图层一般可分为背景图层、普通图层、填充/调整图层、文字图层、形状图层，如图4-2所示。

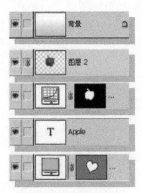

图4-2 图层的分类

（1）背景图层：位于图像的最底层，可供存放和绘制图像；不能更改其叠放次序、混合模式或不透明度。

（2）普通图层：主要功能是存放和绘制图像。普通图层可以有不同的透明度。

（3）填充/调整图层：本身主要是用于存放图像的色彩调整信息。

（4）文字图层：只能输入要编辑文字内容。

（5）形状图层：主要存放矢量形状信息。

4.1.2　图层调板

【图层】调板是用来管理和操作图层的，对图层进行的大多数设置和修改等操作都是在【图层】调板中完成的。打开文件后的【图层】调板如图4-3所示，标示了该调板中各图标的含义。

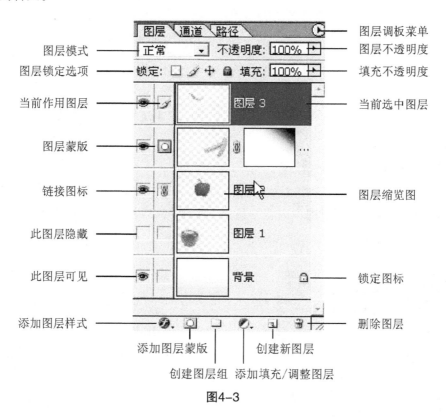

图4-3

4.2　图层的基础操作

4.2.1　创建图层

创建图层：点开图层操作面板，如图4-4所示。新建图层的方法一般有三种。

方法一：执行【图层】→【新建】→【图层】命令。

方法二：单击【图层】调板菜单，在弹出的菜单中选择【新图层】命令，打开【图层属性】对话框，点击【确定】即可。

图4-4　创建图层

方法三：单击【图层】调板下方的【创建新图层】按钮，直接新建一个空白的普通图层。

4.2.2　使用填充图层与调整图层

填充与调整图层：用于调整下层图像的内容，但并不实际改变下层图层的像素。在填充与调整图层内并不存放图像内容，只保存"填充与调整"的颜色信息，如图4-5所示。

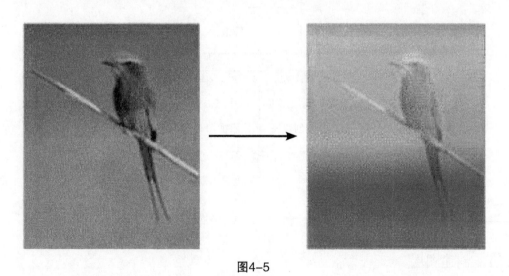

图4-5

4.2.2.1　使用填充图层

方法为：单击【图层】调板下方的【创建新的填充或调整图层】按钮 ⊘ ，如图4-6所示，在弹出的命令中选择【纯色】、【渐变】或【图案】命令。

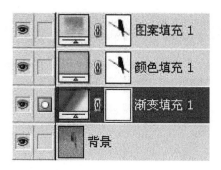

图4-6

4.2.2.2　使用调整图层

调整图层可以对图像试用色调调整，而不会永久地修改图像中的像素。

方法为：单击【图层】调板下方的【创建新的填充或调整图层】按钮⚫，如图4-7所示，在弹出的命令中选择各种色彩调整命令，如图4-8所示。

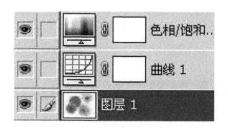

图4-7

图4-8

4.2.3　复制图层

4.2.3.1　在同一幅图像中复制图层内容

方法一：打开复制图层面板，如图4-9所示，单击所需复制的图层，拖动该图层到图层控制面板下方的【创建新图层】按钮。

方法二：在图像窗口中选中【移动】工具，按下Alt键，当鼠标变成双箭头时，就可以拖动图层进行复制了。

方法三：在图层控制面板中，右击所需复制的图层，执行【复制图层】命令，在【复制图层】对话框中的【目的】下拉列表框中选择当前文件。

4.2.3.2　在不同文件之间复制图层

方法一：单击所需复制的图层，在图层控制面板中，执行【复制图层】命令，在

图4-9　在同一幅图像中复制图层内容

【复制图层】对话框中的【目的】下拉列表框中选择目的文件，如图4-10所示。

方法二：使用【移动】工具，选中所需复制图层，单击并拖动图层，直接拖动图层到目的图像文件中。

4.2.4　删除图层

方法一：在【图层】调板中选中所需删除图层，拖动到调板下方的垃圾箱按钮上，如图4-11所示。

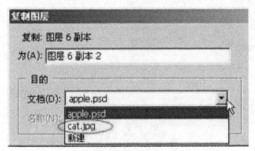

图4-10　在不同文件之间复制图层

图4-11　删除图层

方法二：右击所需删除的图层，在图层调板菜单中执行【删除图层】命令。

4.2.5　调整图层顺序

方法一：选中所需移动的图层，用鼠标直接拖动到目标位置，如图4-12所示。
方法二：执行【图层】→【排列】菜单下的相应命令，如图4-13所示。

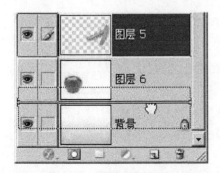

图4-12　调整图层方法一

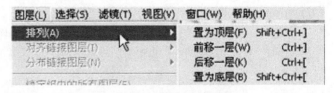

图4-13　调整图层方法二

4.2.6　锁定图层

Photoshop CS6提供了图层锁定功能，让用户通过全部或部分地锁定图层来避免有时在编辑图像的过程中不小心会破坏图层内容。当图层完全锁定时，锁形图标是实心的；当图层部分锁定时，锁形图标是空心的，如图4-14所示。

（1）锁定透明区域：锁定图层中的透明部分，保护图层中的透明部分不被填充或编辑。

（2）锁定图像像素：防止使用绘画工具编辑修改图层的像素（包括透明区域和图像区域）。

（3）锁定位置：防止图层的像素被移动或变形。

（4）锁定全部：图层内容既不能移动也不能修改，并且不能改变图层的不透明度和图层混合模式，如图4-15所示。

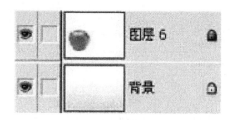

图4-14　锁定图层

图4-15　锁定全部

4.2.7　选择图层

选择图层的方法有以下几种：

（1）选择单个图层：单击鼠标左键，图层成蓝色显示，如图4-16所示。

（2）选择多个连续的图层：先选择第一个，按住Shift键选择最后一个图层。

（3）选择多个不连续的图层：按住Ctrl键单击。

图4-16　选择单个图层

4.2.8　图层合并

4.2.8.1　向下合并

方法为：将要合并的图层或图层组在图层调板中放置在一起，确保两个图层都可见，执行【图层】调板菜单中的【向下合并】命令。

4.2.8.2　合并可见图层

方法为：执行【图层】调板菜单下的【合并可见图层】命令。

4.3 图层模式

图层模式与绘图工具的绘图模式作用相同，主要用于决定其像素如何与图像中的下层像素进行混合。

Photoshop CS6提供了23种混合模式，如图4-17所示，一个图层缺省的模式是正常模式，在【图层】调板的上方可以改变图层混合模式。各种混合模式的效果具体如下。

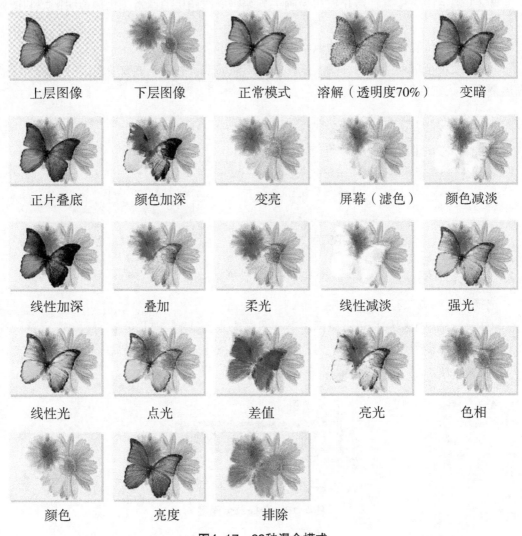

图4-17　23种混合模式

4.4 图层样式

图层样式包含了许多已存在的多种图层效果，如图4-18所示。通过图层样式可以制作出具有层次感、立体感的图像效果。

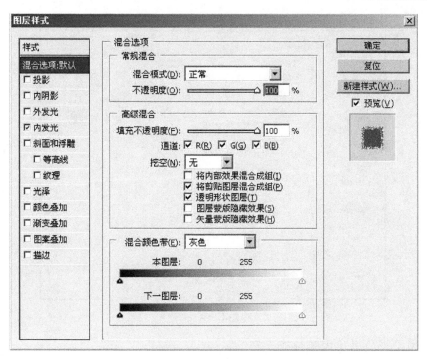

图4-18　图层样式

方法一：执行【图层】→【图层样式】子菜单下的各种样式命令。

方法二：单击【图层】面板下方的样式按钮，从弹出菜单中选取相应命令。

方法三：双击【图层】面板中普通图层的图层缩览图。

4.4.1　投影与阴影制作图像的修饰

4.4.1.1　投影效果

在【图层样式】对话框右侧，投影效果的设置有以下各项，如图4-19所示：

（1）混合模式：设置阴影与下方图层的混合模式。

（2）不透明度：设置阴影效果的不透明程度。

（3）角度：设置阴影的光照角度。

（4）距离：设置阴影效果与图层原内容偏移的距离。

（5）扩展：用于扩大阴影的边界。

（6）大小：用于设置阴影边缘模糊的程度，数值越大越模糊。

（7）消除锯齿：使投影边缘更加平滑。

（8）图层挖空投影：用于控制半透明图层中投影的可视性。

（9）杂色：用于控制在生成的投影中加入颗粒的数量。

（10）等高线：用于加强阴影的各种立体效果。

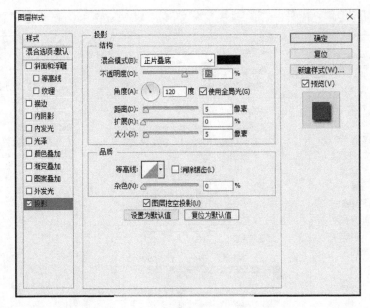

图4-19

4.4.1.2 内投影效果（内陷外观）

【内投影效果】的大部分设置项与投影效果相同，不同的是"阻塞"设置。

阻塞：用于设置阴影内缩的大小，如图4-20所示。

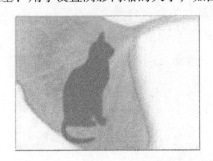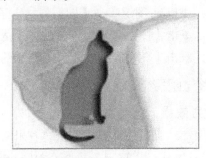

图4-20 利用阻塞设置阴影

4.4.1.3 外发光效果

如图4-21所示，打开外发光面板，对结构、图素、品质等参数进行设置，其效果如图4-22所示。

结构设置如下：

单击 ⊙□ 色块可以设置发光的颜色。

单击 ⊙▭ 色块可以打开【渐变编辑器】编辑设置发光的渐变色。

方法：用于选择外发光应用的柔和技术，可以选择【柔和】和【精确】两种设置。

扩展：设置光向外扩展的范围。

大小：控制发光的柔化效果。

等高线：控制外发光的轮廓样式。

范围：控制等高线的应用范围。

抖动：用于在光中产生颜色杂点。

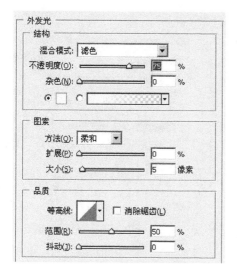

图4-21 外发光面板

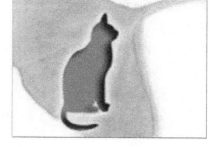

图4-22 外发光效果

4.4.1.4 内发光效果

如图4-23所示，打开内发光面板，其中，源：居中表示光线从图像中心向外扩展；边缘：表示光线从边缘向中心扩展；阻塞：收缩内发光的杂边边界，效果如图4-24所示。

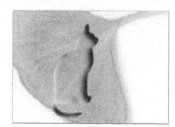

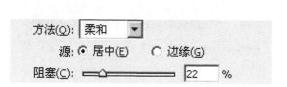

图4-23 内发光面板

图4-24 内发光效果图

4.4.1.5 斜面和浮雕效果

在图层上直接产生多种浮雕效果，使图层更具有立体感，如图4-25所示。

原始图像

内斜面效果

外斜面效果

浮雕效果

枕状浮雕效果

描边浮雕效果

图4-25 斜面和浮雕效果

4.4.1.6 光泽效果

打开光泽效果控制面板，其中，混合模式：设置光泽颜色叠加模式，可在右方的颜色按钮中选择光泽颜色；不透明度：设置光泽颜色叠加的不透明度；角度：用于设置光泽角度；距离：光泽效果的距离调整；大小：设置效果边缘的虚化程度；等高线：设置方法与上述的效果相同。具体如图4-26所示。

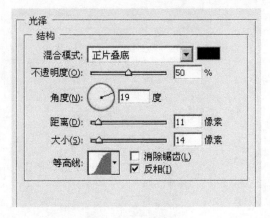

图4-26　光泽面板

4.4.1.7 颜色叠加效果

颜色叠加效果用于在当前图层上添加单一的色彩，如图4-27所示。

图4-27　颜色叠加效果

4.4.1.8 渐变叠加效果

渐变叠加效果用于在当前图层添加渐变色，如图4-28所示。

图4-28　渐变叠加效果

4.4.1.9 图案叠加效果

图案叠加效果用于在当前图层上叠加图案填充，如图4-29所示。

图案：用于选择叠加图案。

缩放：设置图案的缩放比例，调整图案的大小。

与图层链接：用于将图层与图案链接在一起，在图层变形时可以保持图案的同步变形。

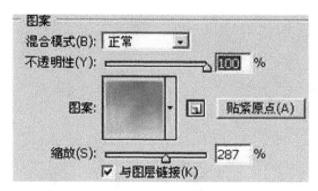

图4-29 图案面板

4.4.1.10 描边效果

【描边效果】用于在当前图层的边缘添加各种加边效果。其中，大小：设置描边的宽窄；位置：有【外部】、【内部】、【居中】三个设置项，用于设置描边位置；填充样式：用于设置描边的内容，可以选择颜色描边效果、渐变描边效果和图案描边效果。描边效果如图4-30所示。

图4-30 描边效果

小 结

为了方便图像的制作、处理与编辑，将图像中的各个部分独立起来，对任何一部分的编辑操作对其他部分不起作用，我们把这些独立起来的每一部分称为图层。一般来讲，图层就像是含有文字或图形等元素的透明胶片，一张张按顺序叠放在一起，组合起来形成页面的最终效果。

习 题

绘制奥运五环,如图4-31所示。

知识点：创建、删除图层，交叉选区的选取，调整图层顺序。

目标：加深对图层层次感的认识。

图4-31　奥运五环

项目5　图像色彩和色彩调整

5.1　Photoshop CS6色彩和色调的基础应用

5.1.1　色阶

色阶就是用直方图描述出的整张图片的明暗信息，【色阶】命令是通过调整图像色彩的明暗度来改变图像的明暗及反差效果的，它能精确地调整图像的暗调、中间调和亮调等级别，从而达到校正图像色调范围的目的。

选择【图像】→【调整】→【色阶】命令，或按【Ctrl+L】快捷键，弹出【色阶】对话框（见图5-1）。

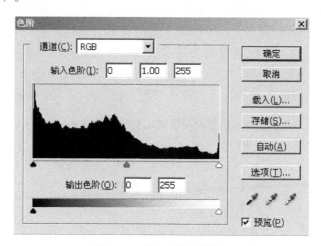

图5-1　【色阶】对话框

图5-1是根据每个亮度值（0~255）处像素点的多少来划分的，最暗的像素点在左边，最亮的像素点在右边。

通道：其右侧的下拉列表中包括了图像所使用的所有色彩模式，以及各种原色通道。如图像应用CMYK模式，即在该下拉列表中包含 CMYK、洋红、黄、青、黑等五个通道，在通道中所做的选择将直接影响到该对话框中的其他选项。

输入色阶：用来指定选定图像的最暗处（左边的框）、中间色调（中间的框）、最亮处（右边的框）的数值，改变数值将直接影响色调分布图3个滑块的位置。

色调分布图：用来显示图像中明、暗色调的分布示意图。在【通道】中选择的颜色通道不同，其分布图的显示也不同。

输出色阶：通过对右侧的两个输入框进行数值输入，可以调整图像的亮度和对比度。

吸管工具 ：该对话框有3个吸管工具，由左至右依次是【设置黑场】工具、【设置灰点】工具、【设置白场】工具，单击鼠标左键，可以在图像中以取样点作为图像的最亮点、灰平衡点和最暗点。

载入：单击该按钮可载入已保存的色阶效果。

存储：单击该按钮可以将当前调整的色阶效果保存。

自动：单击该按钮将自动对图像的色阶进行调整。

5.1.2　曲线

【曲线】命令是用来调整图像的色彩范围的。与【色阶】命令相似，不同的是【色阶】命令只能调整亮部、暗部和中间色调，而【曲线】命令将颜色范围分成若干个小方块，每个小方块都可以控制一个亮度层次的变化，不仅可以调整图像的亮部、暗部和中间色调，还可以调整灰阶曲线中的任何一个点。

打开一幅图片，单击【图像】→【调整】→【曲线】命令，弹出【曲线】对话框（见图5-2），其快捷键是【Ctrl+M】。在该对话框中，水平轴向代表原来的亮度值，类似【色阶】命令中的输入；垂直轴向代表调整后的亮度值，类似【色阶】命令中的输出。曲线图下方有一个切换按钮，单击按钮可以将亮度条两端相互转变。移动鼠标到曲线图上，该对话框中的【输入】和【输出】会随之发生变化。单击图中曲线上的任一位置，会出现一个控制点，拖曳该控制点可以改变图像的色调范围。单击右下方的曲线工具 ，可以在图中直接绘制曲线；点击铅笔工具 ，可以在曲线图中绘制自由形状的曲线；如果绘制的曲线不够平滑，可单击【平滑】按钮多次，直到满意。

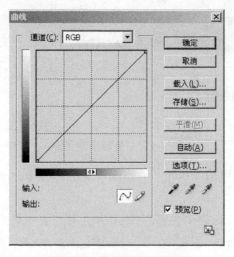

图5-2　【曲线】对话框

【曲线】命令是一个功能强大的色调调整命令，利用它可以综合调整图像的亮度、对比度及纠正偏色等，与【色阶】命令相比，【曲线】命令的调整更为精确。

5.1.3　色彩平衡

色彩平衡命令的作用就是分别在图像的阴影、中间调区和高光区通过控制各单色的成分来消除颜色的偏差，使图像中的每种颜色都比较均衡地分布。

选择一张所要调整的图片，单击【图像】→【调整】→【色彩平衡】命令，其快捷键是【Ctrl+B】。弹出【色彩平衡】对话框（见图5-3）。

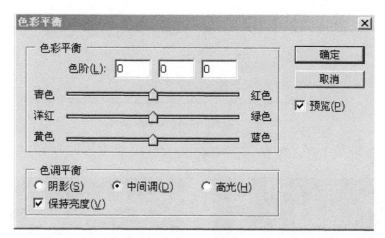

图5-3　【色彩平衡】对话框

图5-3中3个滑块用来控制各主要色彩的变化，3个单选按钮，可以选择【阴影】、【中间调】和【高光】来对图像的不同部分进行调整，选中【预览】，可以在调整的同时随时观看生成的效果。选择【保持亮度】，图像像素的亮度值不变，只有颜色值发生变化（见图5-4）。

 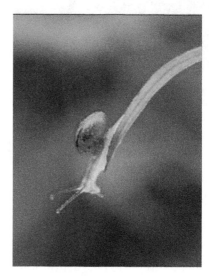

色彩平衡原图　　　　　　　　　　色彩平衡效果图

图5-4

5.1.4 亮度/对比度

【亮度/对比度】命令能够整体调节图像的亮度和对比度，对图像的单个通道不起作用。亮度可以控制图像中所有颜色和灰色调中的白色成分，对比度能够改变图像中各颜色的对比度。

单击【图像】→【调整】→【亮度/对比度】命令，弹出该对话框（见图5-5）。

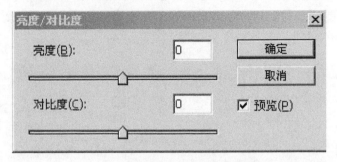

图5-5　【亮度/对比度】对话框

在【亮度/对比度】对话框中，亮度和对比度的设定范围是–100~100（见图5-6）。

　　亮度/对比度原图　　　　　　　　　　　　亮度/对比度调整

图5-6

5.1.5 色相/饱和度

色相、饱和度和明度是色彩的三要素。【色相】是色彩的首要外貌特征，除黑、白、灰色外的颜色都有色相的属性，是区别各种不同色彩的最准确的标准。饱和度是指色彩的鲜艳度，饱和度高的色彩较为鲜艳，饱和度低的色彩较为暗淡。明度即色彩的明暗差别，明度最高的是白色，最低的是黑色。

单击【图像】→【调整】→【色相/饱和度】命令，弹出【色相/饱和度】对话框（见图5-7）。

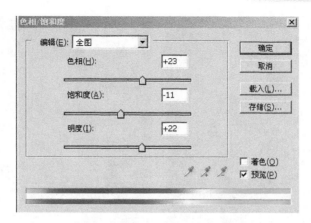

图5-7　【色相/饱和度】对话框

编辑：下拉列表包括红色、绿色、蓝色、青色、洋红和黄色6种颜色，可选择一种颜色单独调整，也可以选择【全图】选项，对图像中的所有颜色整体调整。

色相：拖动滑块或在数值框中输入数值可以调整图像的色相。

饱和度：拖动滑块或在数值框中输入数值可以增大或减小图像的饱和度。

明度：拖动滑块或在数值框中输入数值可以调整图像的明度，设定范围是-100~100。对话框最下面的两个色谱，上面的表示调整前的状态，下面的表示调整后的状态。

着色：选中后，可以对图像添加不同程度的灰色或单色。

吸管工具 ：该工具可以在图像中吸取颜色，从而达到精确调节颜色的目的。

添加到取样：该工具可以在现在被调节颜色的基础上，增加被调节的颜色。

从取样中减去颜色：该工具可以在现在被调节颜色的基础上，减少被调节的颜色。

5.2　色彩和色调的高级应用

5.2.1　去色

【去色】命令能够去掉彩色图像中的所有颜色值，将其转换为相同颜色模式的灰度图像。选择【图像】→【调整】→【去色】命令，系统会自动将彩色图像或选区中图像的色相去掉，变为灰度图像，但图像的模式仍为原来的模式。其快捷键是Ctrl+Shift+U。效果见图5-8。

5.2.2　匹配颜色

使用【匹配颜色】命令，可以将一个图像文件的颜色与另外一个图像文件的颜色相匹配，从而使这两张色调不同的图像自动调节成为统一协调的颜色。打开两张图片，如图5-9所示。

选择图片1，单击【图像】→【调整】→【匹配颜色】命令，弹出【匹配颜色】对话框（见图5-10）。

【匹配颜色】对话框设置如下：

原图　　　　　　　　　　　　　去色

图5-8　利用【去色】的效果

匹配原图1　　　　　　　　　　　　　匹配原图2

图5-9　两张待匹配颜色的图片

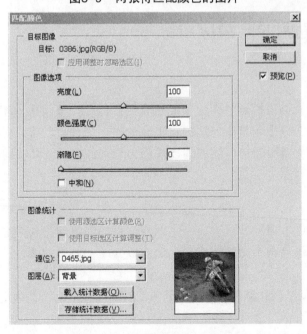

图5-10　【匹配颜色】对话框

目标图像：当前选中的图片的名称、图层及颜色模式。

图像选项：可以通过亮度、颜色强度、渐隐选项来调整颜色匹配的效果。

亮度：可以增加或减少目标图层的亮度，其最大值是200，最小值是1。

颜色强度：可以调整目标图层中颜色像素值的范围，其最大值是200，最小值是1。

渐隐：可以控制应用于图像的调整量。

中和：可以使源文件和将要进行匹配的目标文件的颜色进行自动混合，产生更加丰富的混合色。

图像统计：如果在源文件中建立选区并希望使用选区中的颜色进行匹配，选中使用源选区计算颜色选项。

源：在下拉列表中选择需要进行匹配的目标文件。单击【确定】按钮，得到匹配结果（见图5-11）。

匹配效果图1　　　　　　　　　　　　　匹配效果图2

图5-11　利用【匹配颜色】的效果

5.2.3　替换颜色

【替换颜色】命令能够将图像全部或选定部分的颜色用指定的颜色进行替换。其操作方法如下：打开一幅图片，单击【图像】→【调整】→【替换颜色】命令，弹出【替换颜色】对话框（见图5-12）。

吸管工具 ![吸管]：在图像中吸取需要替换颜色的区域，并确定需要替换的颜色，![吸管+]可以连续地吸取颜色。

颜色容差：选定颜色的选取范围，值越大，选取颜色的范围越大。

替换：通过对色相、饱和度及明度的调整来进行图像颜色的替换。

结果：单击该选项，在弹出【拾色器】对话框中可以选择一种颜色作为替换色，从而精确控制颜色的变化。效果见图5-13。

5.2.4　可选颜色

【可选颜色】命令可以选择性地改变某一种颜色的含量，而不影响该颜色在其他颜色中的含量，可以用来校正色彩不平衡问题和调整颜色，特别是对于CMYK模式的图像的颜色校正十分有用。

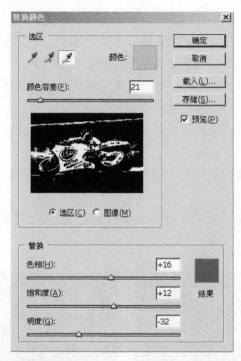

图5-12 【替换颜色】对话框

替换颜色原图　　　　　　　　　　　替换颜色效果图

图5-13 利用【替换颜色】的效果

选择【图像】→【调整】→【可选颜色】命令，打开【可选颜色】对话框（见图5-14）。

颜色：在下拉列表中，选择所要调整的颜色通道，然后拖动下面的颜色滑块来改变颜色的组成。

【方法】后面的相对：选中后，调整图像时将按图像总量的百分比来更改现有的青色、洋红、黄色或黑色。例如，将30%的红色减少20%，则红色的总量减少30%×20%=6%，结果就是红色的像素总量变为24%。

【方法】后面的绝对：调整图像时将按绝对的调整值来确定图像颜色中增加或减

少的百分比数值。例如图像中有40%的洋红，如果增加了20%，则增加后的洋红数值为60%。

利用【可选颜色】命令调整图像前、后的变化（见图5-15）。

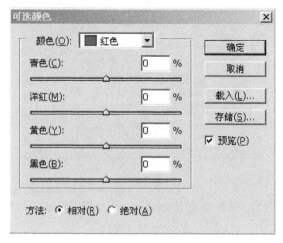

图5-14 【可选颜色】对话框

可选颜色原图　　　　　　　　　　　可选颜色效果图

图5-15 利用【可选颜色】的效果

5.2.5 通道混和器

【通道混和器】命令可以实现从细致的颜色调整到图像的基本颜色的彩色变化，该命令只能用于RGB和CMYK颜色模式的图像。

单击【图像】→【调整】→【通道混和器】命令，弹出【通道混和器】对话框（见图5-16）。

输出通道：在下拉列表中选择需要调整的输出通道。

源通道下面的各颜色滑块：拖动各滑块，可以调整相应颜色在输出通道中所占的比例。向左拖动滑块或在对话框中输入负值，可以减小该颜色通道在输出通道中所占的比例。

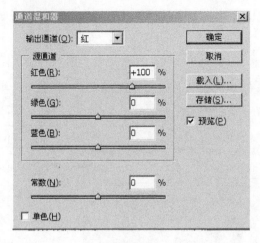

图5-16

常数：拖曳滑块，可以增加该通道的补色，即可以添加具有各种不透明度的黑色或白色通道。

单色：选中单色，可以创建只包含灰度值的彩色图像。

利用【通道混和器】的效果见图5-17。

原图   修改后

图5-17

5.2.6 渐变映射

【渐变映射】命令用来将图像中相等的灰度范围映射到所设定的渐变填充色中。默认情况下，图像的暗调、中间调和高光分别映射到渐变填充的起始颜色、中间端点和结束颜色。

打开一幅图片，单击【图像】→【调整】→【渐变映射】命令，弹出【渐变映射】对话框（见图5-18）。

单击渐变条右侧的三角形，打开下拉列表，选择或编辑渐变填充样式。

仿色：使色彩过渡更平滑。

反向：可以使现有的渐变色逆转方向。

使用【渐变映射】的效果见图5-19。

图5-18　【渐变映射】对话框

原图　　　　　　　　　　　修改后

图5-19　使用【渐变映射】的效果

5.2.7　照片滤镜

【照片滤镜】命令类似于传统摄影中滤光镜的功能，即模拟在相机镜头前加上彩色滤光镜，从而使胶片产生特定的曝光效果。照片滤镜可以有效地对图像的颜色进行过滤，使图像产生不同颜色的滤色效果。

单击【图像】→【调整】→【照片滤镜】命令，弹出【照片滤镜】对话框（见图5-20）。

滤镜：可以在下拉列表中选取滤镜的效果。

颜色：点击该色块，弹出【拾色器】，根据画面的需要选择滤镜颜色。

浓度：拖动滑块以便调整应用于图像的颜色数量，数值越大，应用的颜色调整范围越大。

保留亮度：在调整颜色的同时保持原图像的亮度。

使用【照片滤镜】的效果见图5-21。

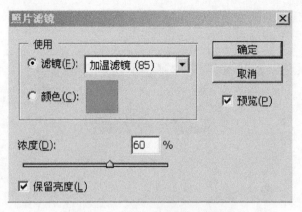

图5-20 【照片滤镜】对话框

照片滤镜　　　　　　　　　　　照片滤镜效果图

图5-21 使用【照片滤镜】的效果

5.2.8 阴影/高光

【阴影/高光】命令可以处理图片中过暗或过亮的图像，并尽量恢复其中的图像细节，保证图像的完整性。

单击【图像】→【调整】→【阴影/高光】命令，打开【阴影/高光】对话框（见图5-22）。

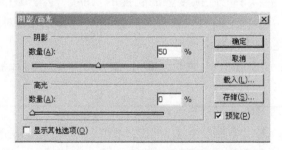

图5-22 【阴影/高光】对话框

选择对话框中的【显示其他选项】，可以打开扩展项（见图5-23）。

该对话框扩展后，除包含原有的两个基本参数外，又扩展出了多个高级参数，下面依次来讲解这些参数。

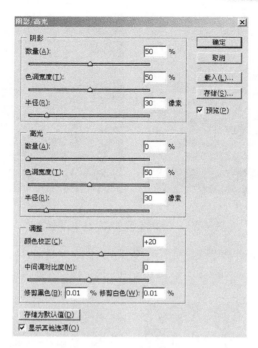

图5-23　打开扩展项

数量：在【阴影】和【高光】区域中拖动该滑块，可以对图像暗调或高光区域进行调整，该数值越大则调整的幅度也越大。

色调宽度：在【阴影】和【高光】区域中拖动该滑块，可以控制对图像的暗调或高光部分的修改范围，该数值越大则调整的范围也越大。

半径：在【阴影】和【高光】区域中拖动该滑块，可以控制每个像素周围的局部相邻像素的大小，该大小用于确定像素是在暗调中还是在高光中，即可以确定哪些区域是阴影，哪些区域是高光，向左移动可以指定较小的区域，向右移动可以指定较大的区域。

颜色校正：此选项仅适用于彩色图像。拖动滑块或在数值框中输入数值，可以对图像的颜色进行微调，数值越大则图像中的颜色饱和度越高，反之饱和度则降低。

中间调对比度：此选项用来调整中间调中的对比度。拖动滑块或在数值框中输入数值，调整位于阴影和高光部分之间的中间调，使其与调整阴影和高光后的图像相匹配。

修剪黑色、修剪白色：在数值框中输入数值，可以确定新的阴影截止点（设置修剪黑色数值）和新的高光截止点（设置修剪白色数值），这两个数值设置得越大则图像的对比度越强。

使用【阴影/高光】的效果见图5-24。

5.2.9　反相

【反相】命令是将图像中像素的亮度值转变为相反的数值，如原来亮度级为50的像素反相后变为255-50=205；将图像中像素的颜色转变为该颜色的补色，如原来颜色为红色反相后变为绿色，从而获得原始照片的负片效果。

阴影/高光原图　　　　　　　　　阴影/高光效果图

图5-24　使用【阴影/高光】的效果

选择要进行反相的图像，单击【图像】→【调整】→【反相】命令，快捷键为Ctrl+I，即可对图像进行反相调整。图像使用【反相】命令前、后的效果对比见图5-25。

原图　　　　　　　　　　　修改后

图5-25　使用【反相】的效果

5.2.10　色调均化

使用【色调均化】命令，Photoshop CS6查找图像中最亮和最暗的像素，并以最暗处像素值表示黑色（或相近的颜色），以最亮处像素值表示白色，然后对图像的亮度进行色调均化。当扫描的图像显得比原稿暗且要平衡这些值以产生较亮的图像时，使用此命令，它能够清楚地显示亮度的前、后比较结果。

打开需要调整的图像，单击【图像】→【调整】→【色调均化】命令，Photoshop CS6将自动对原始图像中像素的亮度值进行调整（见图5-26）。

5.2.11　阈值

使用【阈值】命令，可以将一幅灰度或彩色图像转换为高对比度的黑白图像。使用该命令可以制作黑白风格的图像效果，它能将一定的色阶指定为阈值。所有比该阈值亮的像素都会被转换成白色，所有比该阈值暗的像素都会被转换成黑色。

打开需要调整的图像，单击【图像】→【调整】→【阈值】命令，弹出【阈值】对话框（见图5-27）。

原图　　　　　　　　　　　　　　　　修改后

图5-26　利用【色调均化】的效果

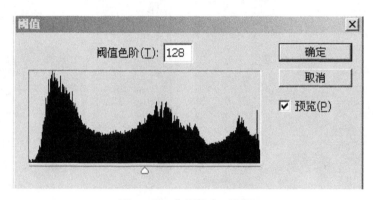

图5-27　【阈值】对话框

通过设置【阈值色阶】参数，可以使图像转换为高对比度的黑白图像（见图5-28）。

5.2.12　色调分离

【色调分离】命令可以定义色阶的多少。在灰阶图像中可以用此命令来减少灰阶数量。

打开一幅图片，单击【图像】→【调整】→【色调分离】命令，弹出【色调分离】对话框，【色阶】数值框中的数值确定了颜色的色调等级，数值越大，颜色过渡越细腻；数值越小，图像的色块效果越明显（见图5-29）。

阈值原图   阈值效果图

图5-28　使用【阈值】的效果

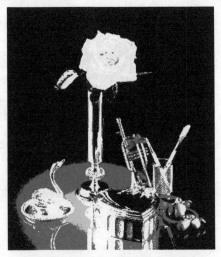

原图   设置【色阶】为2时的效果

设置【色阶】为5时的效果   设置【色阶】为8时的效果

图5-29　使用【色调分离】的效果

5.2.13　变化

利用【变化】命令可以非常直观地调整图像的颜色、对比度和饱和度。单击【图像】→【调整】→【变化】命令，弹出【变化】对话框（见图5-30）。

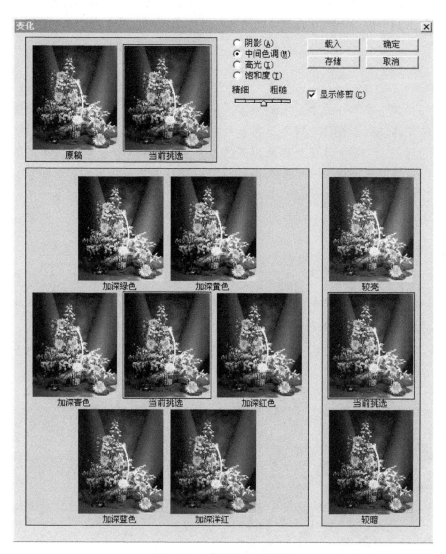

图5-30　【变化】对话框

当前挑选：对话框左上方的两个缩略图代表原图像和调整后的图像状态，单击【原稿】缩略图可以将图像恢复至调整前的状态。

阴影、中间调（注：图中中间色调即中间调）、高光：选择对应的选项，可以分别调整图像的阴影、中间调、高光区域的色相和亮度。将三角形拖向【精细】表示调整的程度较小，拖向【粗糙】表示调整的程度较大。

饱和度：选择该选项，在对话框左下方显示3个缩略图。单击【低饱和度】或【饱和度更高】缩略图可以使图像降低或提高饱和度。

较亮、当前挑选、较暗：只有在选择【阴影】、【中间调】或【高光】3个选项之一时，该区域才会被激活，分别单击【较亮】、【较暗】两个缩略图，可以增亮、加暗图像。

缩调整色相：对话框中有7个缩略图，中间的【当前挑选】和对话框左上方的【当前挑选】缩略图的作用是一样的，另外6个缩略图可以分别用来改变图像的RGB和CMYK 6种颜色，单击其中任一缩略图，都可以增加与该缩略图对应的颜色。

小　结

颜色在图像的修饰中是很重要的内容，它可以产生对比效果使图像更加绚丽。正确运用颜色能使黯淡的图像明亮绚丽，使毫无特色的图像充满活力。Photoshop CS6强大的图像调整功能是众多平面图像处理软件不能与它相媲美的原因，色彩调整是图形设计和修饰的一项十分重要的内容。在用Photoshop CS6进行图形处理时，经常需要进行图像颜色的调整，比如调整图像的色相、饱和度或明暗度等，Photoshop CS6提供了大量的色彩调整和色彩平衡命令。

习　题

1.素材图片比较暗，调色的时候我们把图片局部调亮或润色，云彩部分可以调出高光选区，再用调整图层增加暖色，得到更好的霞光效果，如图5-31所示。

2.在PhotoShop CS6软件中，用颜色替换工具中的取样背景。将图片做如图5-32所示的替换。

图5-31

原图　　　　　　　　　　　　　　　　　　效果图

图5-32

项目6 | Photoshop CS6的绘图编辑与着色

6.1 Photoshop CS6的颜色设定

6.1.1 拾色器

单击工具箱中的前景色或背景色图标，即可调出【拾色器】对话框，如图6-1所示。【拾色器】对话框左侧的颜色方框区域称为色域，这一区域是供选择颜色的；色域中能够移动的小圆圈是选取颜色的标志；色域图右边为颜色导轨，用来调整颜色的不同色调。在颜色导轨右侧上方有两块显示颜色的区域，上半部分所显示的是当前选定的颜色，下半部分所显示的是打开【拾色器】对话框之前所选择的颜色。当所选颜色在印刷中无法实现时，【拾色器】对话框中会出现一个带叹号的三角图标，这个图标称为溢色警告，在其下面的小方块显示的颜色是最接近印刷的色彩，一般来说，它比所选的颜色要暗一些，单击【溢色警告】按钮，即可将当前所选颜色转换成与之相对应的颜色。

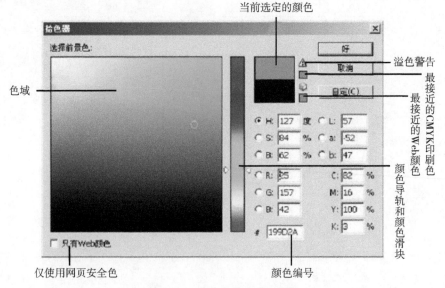

图6-1 【拾色器】对话框

在色域任意位置单击鼠标，会有圆圈标示出单击的位置，在右上角就会显示当前选中的颜色，并且在【拾色器】对话框右下角出现其对应的各种颜色模式定义的数据显示，包括RGB、CMYK、HSB和Lab四种不同的颜色描述方式，也可以在此处输入数字直接确定所需的颜色。在【拾色器】对话框中，可以拖动颜色导轨上的三角形颜色滑块确定颜色范围。颜色滑块与颜色方框区中显示的内容会因不同的颜色描述方式（单击HSB、RGB、CMYK、Lab前的按钮）而不同。

例如，选定H（色相）前的按钮时，在此颜色滑块中纵向排列的即为色相的变化；在滑块中选定了某种色相后，颜色选择区内则会显示出这一色相亮度从亮到暗（纵向）、饱和度由最强到最弱（横向）的各种颜色。选定R（红色）按钮时，在颜色滑块中显示的则是红色信息由强到弱的变化，颜色选择区内的横向即会表示出蓝色信息的强弱变化，纵向会表示出绿色信息的强弱变化，如图6-2所示。

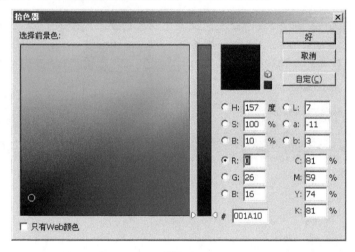

图6-2

单击【拾色器】对话框右上方的【自定】按钮，则会出现一个【自定颜色】对话框，如图6-3所示，它允许按照标准的色标本，如PANTONE色谱的编号来精确地选择颜色，这些标准色谱通常都有自己不同的适用范围，并有统一的描述和配制方法，有时在制定一些标识或专色印版时，以这种方式指定颜色可保证其统一性。在【自定颜色】对话框中单击【拾色器】按钮，又可以重新回到标准的【拾色器】对话框中。

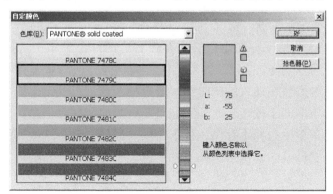

图6-3 【自定颜色】对话框

6.1.2 【颜色】调板

在【颜色】调板中的左上角有两个色块用于表示前景色和背景色，如图6-4所示。色块上有双框表示被选中，所有的调节只对选中的色块有效，用鼠标单击色块就可将其选中。用鼠标单击调板右上角的三角按钮，弹出菜单中的不同选项是用来选择不同的色彩模式的，前面有"√"表示调板中正在显示的模式。不同的色彩模式，调板中滑动栏的内容也不同，通过拖动三色滑块或输入数值可改变颜色的组成。直接单击【颜色】调板中的前景色或背景色图标也可以调出【拾色器】对话框。

在【颜色】调板中，当光标移至颜色条时，会自动变成一个吸管，可直接在颜色条中吸取前景色或背景色。如果想选择黑色或白色，可在颜色条的最右端单击黑色或白色的小方块，如图6-5所示。

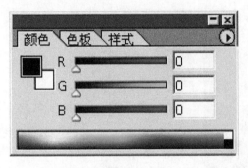

图6-4

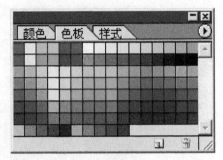

图6-5

6.1.3 【色板】调板

【色板】调板与【颜色】调板有一些相同的功能，就是都可用来改变工具箱中的前景色或背景色，如图6-5所示。不论正在使用何种工具，只要将鼠标移到【色板】调板上，都会变成吸管的形状，单击鼠标就可改变工具箱中的前景色，按住Ctrl键，单击鼠标就可改变工具箱中的背景色。

若在【色板】调板上增加颜色，可用吸管工具在图像上选择颜色，当鼠标移到【色板】的空白处时，就会变成油漆桶的形状，单击鼠标可将当前工具箱中的前景添加到【色板】中。若删除【色板】调板中的颜色，只要按住Alt键就可使图标变成剪刀的形状，在任意色块上单击鼠标键，就可将此色块剪掉。

若恢复软件默认的情况，在【色板】调板右边的弹出菜单中选择【复位色板】命令，在弹出的对话框中有3个按钮，如果要恢复到软件默认的状态，单击【好】按钮；如果要使软件默认的颜色在加入的同时保留现有的颜色，可单击【追加】按钮；若要取消此命令，可单击【取消】按钮。此外，如果要将当前的颜色信息存储起来，可在【色板】调板中的弹出菜单中选择【存储色板】命令。如果要调用这些文件，可选择【载入色板】命令将颜色文件载入，也可选择【替换色板】命令，用新颜色文件代替当前【色板】调板中的颜色。

6.1.4　其他

6.1.4.1　吸管工具

工具箱中的吸管工具可从图像中取样来改变前景色或背景色。用此工具在图像上单击，工具箱中的前景色就会显示所选取的颜色。如果在按住Alt键的同时用此工具在图像上单击，工具箱中的背景色就显示所选取的颜色。

6.1.4.2　颜色取样器工具

工具箱中的颜色取样器工具的主要功能是用来检测图像中像素的色彩构成情况。在图像中单击鼠标，鼠标单击处出现一个色彩样例图标，这一点称为测量点。在同一个图像中最多可以放置4个测量点。Photoshop CS6默认其名为#1、#2、#3、#4，这4个测量点处像素的色彩值显示在信息调板中。打开一幅图像，用鼠标在图像中单击，每单击一次，图像中便出现一个圆形颜色取样器图标，其右下角分别标注1、2、3、4，表示它们分别是#1、#2、#3、#4测量点。此时，信息调板下方显示每个测量点的色彩构成，如图6-6所示。

图6-6　颜色取样器工具

6.1.4.3　信息调板

信息调板不仅能显示测量点的色彩信息，还可以显示鼠标当前所在位置及其所在位置色彩信息。如果图像中没有测量点，信息调板会显示四个模式值：在左上部显示的是鼠标当前所在位置颜色的RGB模式值，右上部显示的是鼠标当前所在位置颜色的CMYK模式值，左下部显示的是鼠标当前所在位置的坐标值，右下部显示的是选择鼠标当前所在位置的宽度值和高度值。

6.1.4.4　调整测量值的位置及删除测量点

将鼠标移至测量点的位置，鼠标图标变成🔘图标时，拖动鼠标就可以调整测量点的位置；按住键盘上的Alt键不放，移动鼠标至测量点的位置，当鼠标图标变成剪刀形状图标时，单击鼠标可以删除测量点。

6.2 画笔设置

6.2.1 画笔调板

对于绘图编辑工具而言，画笔很大程度上决定了绘制的效果。绘图和编辑工具包括画笔工具、铅笔工具、仿制图章工具、图案图章工具、历史记录画笔工具、历史记录艺术画笔工具、橡皮擦工具、模糊/锐化工具、涂抹工具和减淡/加深/海绵工具。

选择【窗口】→【画笔】命令调出画笔调板。用鼠标单击画笔调板左侧最上面的【画笔预设】，可看到如图6-7所示的画笔调板。单击【画笔预设】名称时，画笔调板的外观与工具选项栏中的画笔弹出式调板（见图6-8）类似。不同的是，在画笔调板的下方有一个可供预视画笔效果的区域。将鼠标放在某一个画笔上停留几秒钟，直到右下角出现文字提示框，然后移动鼠标到不同的画笔预览图上，随着画笔的移动，画笔调板下方会动态显示不同画笔所绘制的效果（见图6-7），可以选择不同的预设好的画笔，也可通过拖拉【主直径】上的滑钮改变画笔的直径，还可在数字框中直接输入数值改变画笔的直径。

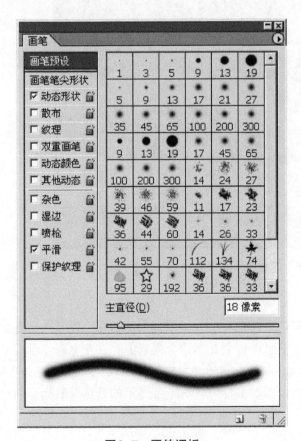

图6-7　画笔调板

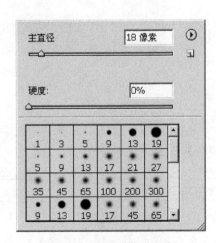

图6-8　画笔弹出式调板

单击画笔调板或画笔弹出式调板右上角的黑三角，便会出现弹出菜单，如图6-9所示。

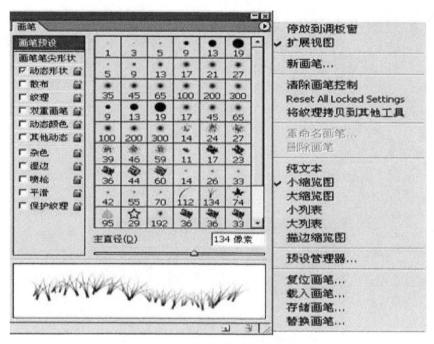

图6-9 画笔调板的弹出菜单

在弹出菜单中可选择画笔显示方式：【纯文本】只列出画笔的名字；【小缩览图】或【大缩览图】可以看到画笔缩览图显示，两个选项的区别在于显示缩览图大小不同，如图6-9是选择【小缩览图】的画笔显示效果；【小列表】或【大列表】可以看到画笔的缩览图连同名称的列表；【描边缩览图】可以看到用画笔绘制线条的效果显示。

此外，在画笔弹出式调板或画笔调板的弹出菜单中还可以进行如下操作：

（1）复位画笔：画笔调板在已经改变后，可以选择弹出菜单中的【复位画笔】命令，便可恢复到软件初始的设置。

（2）载入画笔和替换画笔：选择【载入画笔】命令，可在弹出的对话框中选择要加入的画笔；选择【替换画笔】命令，可用其他画笔替换当前所显示的画笔。

（3）存储画笔：执行【存储画笔】命令，可将当前调板中的画笔存储起来。

（4）新画笔：对于已经预存在画笔调板中的各个画笔，可以重新进行各个选项的调整，将调整后的结果通过执行【新画笔】命令，将其存储为新的画笔；还可以自定义画笔，方法是：用选择工具将需要定义为画笔的内容以一个选择区域圈选起来，执行【编辑】→【定义画笔】命令；在弹出的【新画笔】对话框中输入新画笔的名称，单击【确定】，新建立的画笔便出现在画笔调板中。

（5）重命名画笔：在画笔调板中想重新命名画笔时，执行【重命名画笔】命令，在弹出的画笔名称对话框名称栏中输入新的画笔名称即可。

（6）删除画笔：在画笔调板中选中要删除的画笔，执行【删除画笔】命令，或单击鼠标右键选取【删除画笔】命令，就可以把选中的画笔删除。此外，可直接在画笔调板中，按住Alt键，这时鼠标就会变成剪刀的形状，然后在要删除的画笔样式上单击即可。

6.2.2 画笔预设

【画笔预设】的功能是在画笔调板原有画笔的基础上，可以任意地编辑和制定各种画笔，并能够做出许多特殊的笔触效果，对图像表达有很大的帮助，扩大了绘图时的操作空间和创作空间。在打开的画笔调板中，单击画笔调板左侧的选项名称，在右侧就会显示其对应的调节项，只单击不同选项前面的方框，可使此选项有效，但右侧并不显示其选项设置。

6.2.2.1 画笔笔尖形状

单击左侧的【画笔笔尖形状】，可得到显示笔尖形状图案如图6-10所示，通过调节各个不同的选项，可以创建自己理想的绘画效果。

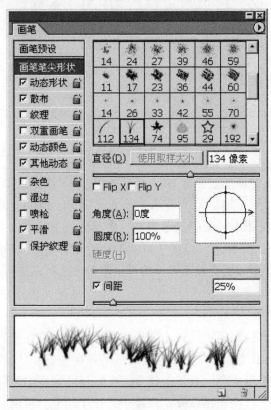

图6-10　【画笔笔尖形状】名称

（1）直径：用来控制画笔的大小，可以通过输入数字或拖拉滑钮来改变画笔大小。

（2）角度：用于定义画笔长轴的倾斜度，也就是偏离水平的距离。可以直接输入角度，或用鼠标拖拉右侧预视图中的水平轴来改变倾斜的角度。当画笔为圆时角度设置没有实际意义。图6-11所示是角度为0时的画笔显示，图6-12所示的是调整【角度】后的画笔显示。

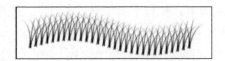

图6-11　角度为0°时的画笔显示

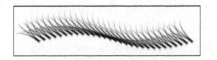

图6-12　调整【角度】后的画笔显示

（3）圆度：表示椭圆短轴与长轴的比例关系。可以直接输入一个百分数，或用鼠标拖拉垂直轴上的两个黑色的节点来改变其圆度。圆度为100%表示是一个圆形的画笔，圆度为0表示是一个线形的画笔，中间的数值表示是一个椭圆形的画笔。如图6-13和图6-14所示的是不同圆度设置的效果。

图6-13　不同圆度设置的效果（一）　　　图6-14　不同圆度设置的效果（二）

（4）硬度：对于各种绘图工具（铅笔工具除外）来说，硬度相当于所画线条边缘的柔化程度。以一个百分数来表示，硬度最小（0）时，表示边缘的虚化由画笔的中心开始，而硬度最大（100%）则表示画笔边缘没有虚边（此时画出的线条好像也粗了一些），如图6-15和图6-16所示是不同硬度设置的效果。铅笔工具画出的是一种边缘很硬的线条，有明显的锯齿边，更不会出现虚边现象，因此硬度的设置对于铅笔工具来说是无效的。

图6-15　不同硬度设置的效果（一）　　　图6-16　不同硬度设置的效果（二）

（5）间距：是指选定了一种画笔后，画出的标记点之间的距离，它也是用相对于画笔直径的百分数来表示的。当选择铅笔工具，将画笔间距设置为100%、200%（最大为999%）等整数时，很容易看出画笔间距的作用。如果使用毛笔或喷笔等工具，因为其边缘的虚化，会使两点之间的间距看起来大于所设间距。图6-17所示的是不同间距设置的效果。

图6-17　不同间距设置的效果

通常，画笔间距的缺省设置为25%，它可以确保所画线条的连续性。如果关闭了对话框中的间距控制，即不选择间距参数前的选择开关时，所画出线条的效果会完全依赖于鼠标移动的速度，移动快则两点之间的间距大，移动慢则间距小，当鼠标移动得快时，画笔会出现跳跃现象，移动得越快，间隔越大。

6.2.2.2　动态形状

在画笔调板的【画笔预设】或【画笔笔尖形状】选项中选取一种画笔，再选择【动态形状】选项，如图6-18所示，可以设定选项使画笔的粗细、颜色和透明度呈现动态的变化。

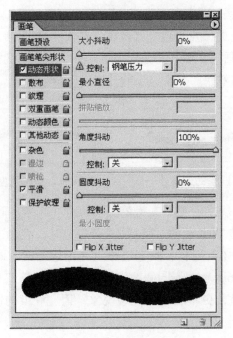

图6-18 【动态形状】选项

1. 大小抖动

设置变化百分数，就可以控制动态笔触元素的自由随机度。它的变化范围在 0 ~ 100%。若画笔在绘画的过程中，画笔元素不发生变化，可将其数值设为0，当它的数值为100%时，画笔中的元素具有最大的自由随机度，如图6-19、图6-20所示。

图6-19   图6-20

2. 控制

其弹出菜单中的选项用来定义如何控制动态元素的变化。选择【关】表示关掉控制，选择【渐隐】用来定义在指定的步数内初始的直径和最小的直径之间的过渡，每一步相当于画笔的一个标记点，其数字范围为1~9999。如图6-20所示是渐隐数值为10、最小直径为1的效果。如果安装了压力敏感的数字化板，还可以指定【钢笔压力】、【钢笔斜度】和【光笔轮】的控制项。

3. 最小直径

当选择【大小抖动】，并设置了【控制】选项后，【最小直径】用来指定画笔标记点可以缩小的最小尺寸，它是以画笔直径的百分数为基础的。

4. 角度抖动和控制

角度抖动和控制指定画笔在绘制线条的过程中标记点角度的动态变化状况。图6-21所示是角度抖动为0的情况，图6-22所示是角度抖动为100%的情况。角度抖动的百分数值是以360°为基础的。

图6-21 角度抖动为0的情况   图6-22 角度抖动为100%的情况

在【控制】的弹出项中，【渐隐】用来定义在指定步数内画笔标记点在0°～360°的变化，图6-23所示的是【角度抖动】为0、【渐隐】为10的情况；图6-24所示的是【角度抖动】为0、【渐隐】为30的情况。【钢笔压力】、【钢笔斜度】、【光笔轮】表示基于钢笔压力、钢笔倾斜度、钢笔位置的画笔标记点在0°～360°的角度变化情况，这3个选项只有在安装了数字化板以后才有效。【初始方向】将画笔标记点的角度基于画笔最初始的方向，如图6-25所示。【方向】将画笔标记点的角度基于画笔的方向，如图6-26所示。

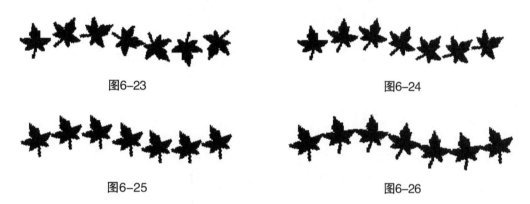

图6-23   图6-24

图6-25   图6-26

5. 圆度抖动和控制

圆度抖动和控制指定画笔在绘制线条的过程中标记点圆度的动态变化状况。图6-27所示是【圆度抖动】为0的情况；图6-28所示是【圆度抖动】为100%的情况。【圆度抖动】的百分数值是以画笔短轴和长轴的比例为基础的。

在【控制】的弹出项中，【渐隐】用来定义在指定步数内画笔标记点在0～100%的圆度变化。图6-29所示是【圆度抖动】为0、【渐隐】为10、【最小圆度】为1的效果。

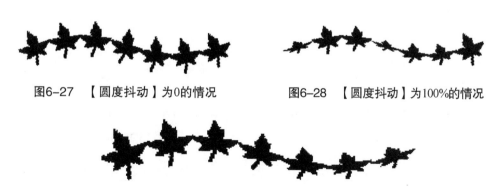

图6-27 【圆度抖动】为0的情况   图6-28 【圆度抖动】为100%的情况

图6-29 【圆度抖动】为0、【渐隐】为10、【最小圆度】为1的效果

6.最小圆度

当选择【最小圆度】，并设置了【控制】选项后，【最小圆度】用来指定画笔标记点的最小圆度。它的百分数值是以画笔短轴和长轴的比例为基础的。

6.2.2.3　散布

画笔的【散布】选项用来决定绘制线条中画笔标记点的数量和位置，如图6-30所示。

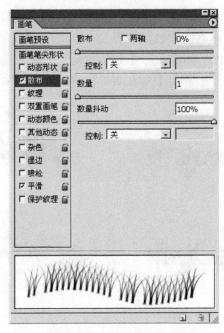

图6-30　【散布】选项

1.散布

散布用来指定线条中画笔标记点的分布情况。当选中【两轴】时，画笔标记点是呈放射状分布的；当不选择【两轴】时，画笔标记点的分布和画笔绘制线条的方向垂直。图6-30最下方所示的是【散布】为0的情况；图6-31所示的是【散布】为110，没有选择【两轴】的情况；图6-32所示的是【散布】为110，选择【两轴】的情况。

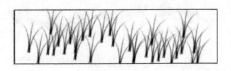

图6-31　【散布】为110，没有选择 　　　图6-32　【散布】为110，选择【两
　　　　　【两轴】的情况　　　　　　　　　　　　　轴】的情况

2.数量

数量用来指定每个空间间隔中画笔标记点的数量。图6-33、图6-34所示分别是【数量】为1、5时的情况。

图6-33　【数量】为1时的情况

图6-34　【数量】为5时的情况

3. 数量抖动

数量抖动用来定义每个空间间隔中画笔标记点的数量变化。同样可在【控制】后面的弹出菜单中选中不同的选项。

6.2.2.4　纹理

使用一个纹理化的画笔就好像使用画笔在有各种纹理的帆布上作画一样。图6-35所示的是纹理设定的各个选项。在画笔调板的最上方有纹理的预视图，单击右侧的小三角，在弹出的调板中可选择不同的图案纹理。单击【反相】前面的选项框可使纹理成为原始设定的反相效果。

缩放：用来指定图案的缩放比例。

为每个笔尖设置纹理：用来定义是否每个画笔标记点都分别进行渲染。若不选择此项，则【最小深度】和【深度抖动】两个选项都是不可选的。

模式：用来定义画笔和图案之间的混合模式。

深度：用来定义画笔渗透到图案的深度。100%时只有图案显示；0时只有画笔的颜色，图案不显示。

最小深度：当选择【为每个笔尖设置纹理】选项时，定义画笔渗透图案的最小深度。

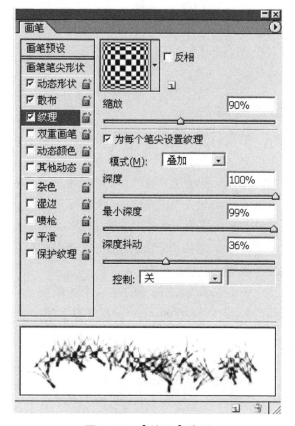

图6-35　【纹理】选项

深度抖动：当选择【为每个笔尖设置纹理】选项时，定义绘画渗透图案的深度变化。

图6-36是选择【为每个笔尖设置纹理】选项，并设定【深度抖动】的画笔效果（【模式】选择【叠加】）。

图6-37是不选择【为每一个笔尖设置纹理】选项的画笔效果。

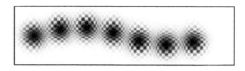

图6-36　画笔效果（一）

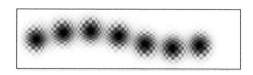

图6-37　画笔效果（二）

Photoshop CS6

6.2.2.5 双重画笔

【双重画笔】选项即使用两种笔尖效果创建画笔，如图6-38所示。

在【模式】弹出菜单中选择一个原始画笔和第二个画笔的混合方式。在下面的画笔预视框中选择一种笔尖作为第二个画笔。

直径：用来控制第二个笔尖的大小，通过拖拉滑钮或输入数值可改变其大小，单击【使用取样大小】按钮可回到最初笔尖的直径。

间距：控制第二个画笔在所画线条中标记点之间的距离。

散布：控制第二个画笔在所画线条中的分布情况。当选中【两轴】复选框时，画笔标记点是呈放射状分布的；当不选中【两轴】复选框时，画笔标记点的分布和画笔绘制线条的方向垂直。

数量：用来指定每个空间间隔中第二个画笔标记点的数量。

图6-39所示是选择的第一个画笔所

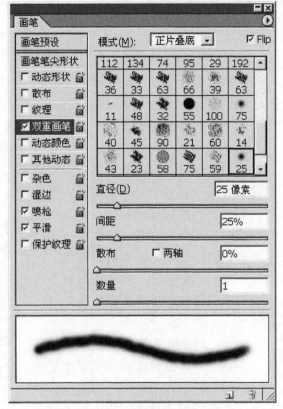

图6-38　【双重画笔】选项

画的线条效果；图6-40所示是选择了第二个画笔后，并对其进行上述设定后，两个画笔混合作用的效果。

图6-39　第一个画笔所画的线条效果

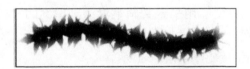

图6-40　两个画笔混合作用的效果

6.2.2.6 动态颜色

【动态颜色】中的设定项用来决定在绘制线条的过程中颜色的动态变化情况，如图6-41所示。

前景/背景抖动：定义绘制的线条在前景和背景之间的动态变化。

色相抖动：指定画笔绘制线条的色相的动态变化范围。

饱和度抖动：指定画笔绘制线条的饱和度的动态变化范围。

亮度抖动：指定画笔绘制线条的亮度的动态变化范围。

纯度：用来定义颜色的纯度。当【亮度抖动】为0和【纯度】为-100时，绘出的线条呈白色；当【纯度】为-100时，改变【亮度抖动】的数值，可得到灰阶效果的动态变化效果。

如图6-42所示，左侧是没有选择【动态颜色】选项所绘制的结果，右侧是使用【动态颜色】选项设定所得到的结果，由此对比可看到绘制过程中颜色的变化情况。

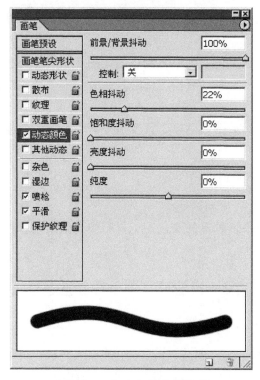

图6-41　【动态颜色】选项

图6-42　两种情况结果对比

6.2.2.7　其他动态

在画笔调板中还有一些选项没有相应的数据控制，只需用鼠标单击名称前面的方框将其选中就可以显示其效果，如图6-43所示。

杂色：用于给画笔增加自由随机效果，对于软边的画笔效果尤其明显。

湿边：用于给画笔增加水笔的效果。

平滑：使绘制的线条产生更顺畅的曲线，此选项对使用数字化板非常有效，缺点是会使绘制的速度减慢。

保护纹理：对所有的画笔执行相同的纹理图案和缩放比例，选择此选项后，当使用多个画笔时，可模拟一致的画布纹理效果。

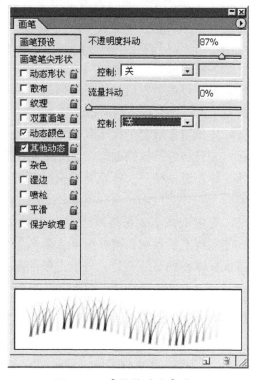

图6-43　【其他动态】选项

6.3 绘图工具

在使用绘图工具时，在各自的工具选项栏中会涉及一些共同的选项，如不透明度、流量、强度或曝光度。

不透明度：用来定义画笔工具、铅笔工具、仿制图章工具、图案图章工具、历史记录画笔工具、历史记录艺术画笔工具、渐变工具和油漆桶工具绘制的时候笔墨覆盖的最大程度。

流量：用来定义画笔工具、仿制图章工具、图案图章工具及历史记录画笔工具绘制的时候笔墨扩散的量。

强度：用来定义模糊/锐化工具和涂抹工具作用的强度。

6.3.1 画笔工具

使用画笔工具可绘出边缘柔软的画笔效果，画笔的颜色为工具箱中的前景色。在画笔工具的选项栏中可看到如图6-44所示的选项。

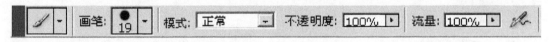

图6-44　画笔工具选项栏

单击工具选项栏中画笔后面的预视图标或小三角，可出现一个弹出式调板，可选择预设的各种画笔，选择画笔后再次单击预视图标或小三角将弹出式调板关闭。

在【模式】后面的弹出菜单中可选择不同的混合模式，并可设定画笔的【不透明度】和【流量】的百分数。

单击工具选项栏中的 图标，图标凹下去表示选中喷枪效果，再次单击图标，表示取消喷枪效果。当选中喷枪效果时，即使在绘制线条的过程中有所停顿，喷笔中的颜料仍会不停地喷射出来，在停顿处出现一个颜色堆积的色点。停顿的时间越长，色点的颜色也就越深，所占的面积也越大。

【流量】数值的大小和喷枪效果的作用力度有关。可以在画笔调板中选择一个直径较大并且边缘柔软的画笔，调节不同的【流量】数值，然后将画笔工具放在图像上，按住鼠标左键不松手。观察笔墨扩散的情况，从而加深理解【流量】数值对喷枪效果的影响。

更多的画笔效果可以通过上述所讲的画笔调板的设定项来实现。如果想使绘制的画笔保持直线效果，可在画面上单击鼠标左键，确定起始点，然后在按住Shift键的同时将鼠标键移到另外一处，再单击鼠标左键，两个击点之间就会自动连接起来形成一条直线。

6.3.2 铅笔工具

使用铅笔工具可绘出硬边的线条，如果是斜线，会带有明显的锯齿。绘制的线条颜色为工具箱中的前景色。在铅笔工具选项栏的弹出式调板中可看到硬边的画笔，如图6-45所示。

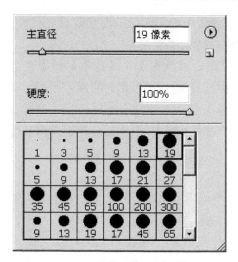

图6-45

在铅笔工具的选项栏中有一个【自动抹掉】选项。选中此选项后，如果铅笔线条的起点处是工具箱中的前景色，铅笔工具将与橡皮擦工具相似，会将前景色擦除至背景色；如果铅笔线条的起点处是工具箱中的背景色，铅笔工具会和绘图工具一样使用前景色绘图；铅笔线条起始点的颜色与前景色和背景色都不同时，铅笔工具也是使用前景色绘图。

6.3.3　渐变工具

渐变工具用来填充渐变色，如果不创建选区，渐变工具将作用于整个图像。此工具的使用方法是按住鼠标键拖拉，形成一条直线，直线的长度和方向决定了渐变填充的区域和方向，拖拉鼠标的同时按住Shift键可保证鼠标的方向是水平、竖直或45°。选择工具箱中的渐变工具，可看到如图6-46所示的工具选项栏。

图6-46　渐变工具选项栏

6.3.3.1　应用渐变

1. 选择渐变效果

单击渐变预视图标 后面的小三角，会出现弹出式的渐变调板，如图6-47所示，在调板中可以选择一种渐变效果。

2. 选择渐变类型

在工具选项栏中，通过单击小图标，可选择不同类型的渐变。

线性渐变 ：可以创建直线渐变效果。

径向渐变 ：可以创建从圆心向外扩展的渐变效果。

角度渐变 ：可以创建颜色围绕起点，并沿着周长改变的渐变效果。

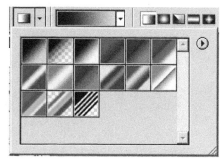

图6-47　弹出式的渐变调板

105

对称渐变 ▓▓▓：可以创建从中心向两侧的渐变效果。

菱形渐变 ▓▓：可以创建菱形渐变效果。

3．【模式】、【透明度】、【反向】、【仿色】和【透明区域】

在【模式】弹出菜单中选择渐变色和底图的混合模式；通过调节【不透明度】后面的数值改变整个渐变色的透明度；【反向】选项可使现有的渐变色逆转方向；【仿色】选项用来控制色彩的显示，选中它可以使色彩过渡更平滑；【透明区域】选项对渐变填充使用透明蒙版。

6.3.3.2 渐变编辑器

单击渐变工具选项栏中的渐变预视图标，弹出【渐变编辑器】对话框，如图6-48所示。

下面介绍如何设定新的渐变色。任意单击一个渐变图标，在【名称】后面就会显示其对应的名称。并在对话框的下部分有渐变效果预视条显示渐变的效果并可进行渐变的调节。在已有的渐变样式中选择一种渐变作为编辑的基础，在渐变效果预视条中调节任何一个项目后，【名称】后面的名称自动变成【自定】，用户可以输入自己喜欢的名字，如图6-49所示。

图6-48 【渐变编辑器】对话框

（1）在渐变效果预视条下端有颜色标记点 ▢，其上半部分的小三角是白色，表示没有选中；用鼠标单击颜色标记点，上半部分的小三角变黑，表示已将其选中。

在下面的【色标】栏中，【颜色】后面的色块会显示当前选中标记点的颜色，单击此色块，在弹出的【拾色器】对话框中修改颜色。颜色标记点的下半部分是方形，方形的颜色表示其在渐变效果预视条上对应的颜色，和【颜色】后面色块的颜色是一样的。

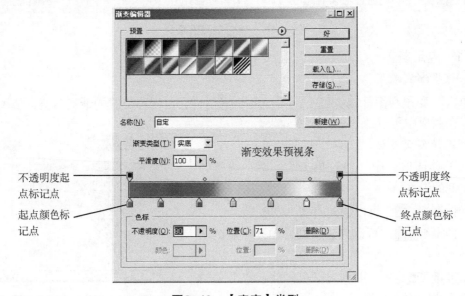

图6-49 【实底】类型

在【位置】后面显示颜色标记点在渐变效果预视条的位置，用户可以输入数值来改变颜色标记点的位置，也可以直接拖动渐变效果预视条下端的颜色标记点。单击【删除】按钮可将此颜色标记点删除。

（2）渐变效果预视条上端有不透明度标记点 ，其下半部分的小三角是白色，表示没有选中；用鼠标单击不透明度标记点，下半部分的小三角变黑，表示已将其选中。

在下面的【色标】栏中，【不透明度】后面会显示当前选中标记点的不透明度。在【位置】后面显示其位置，单击后面的【删除】按钮可将此不透明度标记点删除。

（3）两个不透明度标记点之间有一个很小的菱形，默认情况是位于两个标记点的中间，如图6-50所示，其不透明度组成是两边不透明度标记点对应不透明度各占50%。可以用鼠标直接拖动它改变其位置。

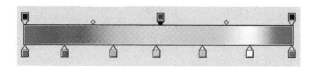

图6-50　不透明度标记点

（4）对话框中的【平滑度】用来设定两个渐变色之间的平滑过渡情况。

（5）如果要删除颜色标记点或不透明度标记点，直接用鼠标将其拖离渐变效果预视条就可以了，或用鼠标单击将其选中，然后单击【色标】栏中的【删除】按钮。渐变效果预视条上至少要有两个颜色标记点和两个不透明度标记点。

（6）如果要增加颜色标记点或不透明度标记点，用鼠标在渐变效果预视条上任意位置单击就可以了。

（7）将颜色设定好后，单击【新建】按钮，在渐变显示窗口中就会出现新创建的渐变，单击【确定】按钮，退出渐变编辑器，在工具选项栏的弹出调板中就可看到新定义的渐变色。

在【渐变编辑器】对话框中，【渐变类型】后面的弹出菜单中有两个选项：【实底】和【杂色】。上述所讲的是比较常见的【实底】类型，下面介绍【杂色】类型，如图6-51所示。

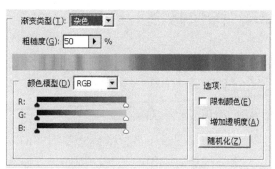

图6-51　【杂色】类型

粗糙度：用来控制杂色渐变颜色的平滑度，输入的数值范围为0～100%，数值越高则渐变颜色转换时其颜色越不平滑，如图6-52所示。

颜色模型：选择RGB、HSB或Lab，不同的颜色模型都可以作为随机产生颜色的基础。

色彩调整滑钮：当选择不同的色彩模式时，这里会出现不同的色彩滑钮，用来限制

图6-52

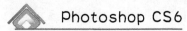

杂色渐变的颜色范围。

限制颜色：选择此项，限定杂色渐变中的颜色，使渐变过渡更加平滑。

增加透明度：选择此项，可增加杂色渐变的透明效果。

随机化：单击此按钮，杂色渐变会重新取样产生新的杂色渐变。

6.3.4　油漆桶工具

油漆桶工具可根据像素的颜色的近似程度来填充颜色，填充的颜色为前景色或连续图案（油漆桶工具不能作用于位图模式的图像）。单击工具箱中的油漆桶工具，就会出现油漆桶工具选项栏，如图6-53所示。

图6-53

填充：有两个选项，即前景和图案。前景表示在图中填充的是工具箱中的前景色；选择图案选项时，可进行指定图案的填充。

图案：填充时选中图案选项，该选项才被激活，单击其右侧的小三角，在其后的【图案】弹出式调板中可选择不同的填充图案。

模式：其后面的弹出菜单用来选择填充颜色或图案和图像的混合模式。

不透明度：在其后的数值输入框中输入数值可以设置填充的不透明度。

容差：用来控制油漆桶工具每次填充的范围，可以输入0~255的数值，数值越大，允许填充的范围也越大。

消除锯齿：选择此项，可使填充的边缘保持平滑。

连续的：选中此选项，填充的区域是和鼠标单击点相似并连续的部分；如果不选择此项，填充的区域是所有和鼠标单击点相似的像素，不管是否和鼠标单击点连续。

所有图层：选择该选项，可以在所有可见图层内按以上设置填充颜色或图案。

6.4　图像修饰工具

图像修饰工具包括仿制图章工具、图案图章工具、修复画笔工具、修补工具、模糊/锐化工具、涂抹工具、减淡/加深/海绵工具，可以使用它们来修复和修饰图像。

6.4.1　仿制图章工具

使用仿制图章工具可准确复制图像的一部分或全部从而产生某部分或全部的拷贝，它是修补图像时常用的工具。例如，若原有图像有折痕，可用此工具选择折痕附近颜色相近的像素点来进行修复。

单击工具箱中的仿制图章工具，便出现其工具选项栏，如图6-54所示，在画笔预览图的弹出调板中选择不同类型的画笔来定义仿制图章工具的大小、形状和边缘软硬程

图6-54

度。在【模式】弹出菜单中选择复制的图像及与底图的混合模式，并可设定【不透明度】和【流量】，还可以选择喷枪效果。

6.4.1.1　使用方法

（1）在仿制图章工具的选项栏中选择一个软边和大小适中的画笔，然后将仿制图章工具移到图像中，按住Alt键的同时单击鼠标左键确定取样部分的起点。

（2）将鼠标移到图像中另外的位置，当按下鼠标左键时，会有一个十字形符号标明取样位置和仿制图章工具相对应，拖拉鼠标就会将取样位置的图像复制下来，如图6-55所示，左边为原图像，右边是应用仿制图章工具后的效果。

图6-55

（3）仿制图章工具不仅可在一个图像上操作，而且可以从任何一张打开的图像上取样后复制到现用图像上，但却不改变现用图像和非现用图像的关系。图6-56所示是通过仿制图章工具将左图中的花复制到右图上的效果。但要求两张图像的颜色模式必须一样，才可以执行此项操作。在复制图像的过程中可经常改变画笔的大小及其他设定项以达到精确修复的目的。

图6-56

6.4.1.2 几点说明

（1）对齐的：在仿制图章工具的选项栏中有一个【对齐的】选项，这一选项在修复图像时非常有用，因为在复制过程中可能需要经常停下来，以更改仿制图章工具的大小和软硬程度，然后继续操作，因而复制会终止很多次，若选择【对齐的】选项，下一次的复制位置会和上次的完全相同，图像的复制不会因为终止而发生错位。图6-55就是选择了【对齐的】选项得到的复制效果。若不选择【对齐的】选项，一旦松开鼠标左键，表示这次的复制工作结束，当再次按下鼠标左键时，表示复制重新开始，每次复制都从取样点开始，操作起来很麻烦。所以，应用此选项对得到多个拷贝非常有帮助。

（2）上述所讲的两种情况限于只有一次取样点，若按住Alt键在不同的位置再一次取样，复制就会从新的取样点开始。

（3）用于所有图层：选择【用于所有图层】选项后再用仿制图章工具，不管当前选择了哪个层，此选项对所有的可见层都起作用。

6.4.2 修复画笔工具

修复画笔工具选项栏如图6-57所示，可看到和仿制图章工具类似的选项。在画笔弹出调板中选择画笔的大小来定义修复画笔工具的大小；在【模式】后面的弹出菜单中选择复制或填充的像素和底图的混合方式。在画笔弹出调板中只能选择圆形的画笔（见图6-58），只能调节画笔的直径、硬度、间距、角度和圆度的数值，这是和仿制图章工具的不同之处。

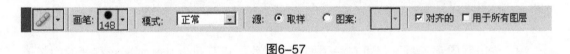

图6-57

在【源】后面有两个选项，当选择【取样】时，和仿制图章工具相似，首先按住Alt键确定取样起点，然后松开Alt键，将鼠标移动到要复制的位置，单击或拖拉鼠标；当选择【图案】时，和图案图章工具相似，在弹出调板中选择不同的图案或自定义图案进行图像的填充。

【对齐的】选项的使用和上述讲到的仿制图章工具中此选项的使用完全相同。修复画笔工具用于修复图像中的缺陷，并能使修复的结果自然融入周围的图像。综上所述，与图案图章工具类似，修复画笔工具也是从图像中取样复制到其他部位，或直接用图案进行填充，但不同的是修复画笔工具在复制或填充图案时，会将取样点的像素信息自然融入到复制的图像位置，并保持其纹理、亮度和层次，被修复的像素和周围的图像完美结合，如图6-59所示，左边是原图像，右边是修复后的效果。

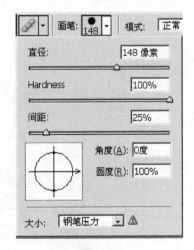

图6-58

图6-59

如果是在两个图像之间进行修复工作，同样要求两个图像有相同的图像模式。图6-60所示是使用修复画笔工具将左图中的花复制到右图上的效果，可看到复制到图像中的花和图像原来的色相、亮度保持很好的融合，没有像图章工具那样有生硬的感觉。

图6-61所示是使用【修复画笔工具】的【图案】选项绘制的结果。

图6-60

图6-61

6.4.3 修补工具

修补工具可以从图像的其他区域或使用图案来修补当前选中的区域。和修复画笔工具的相同之处是修复的同时也保留图像原来的纹理、亮度及层次等信息。修补工具的工具选项栏如图6-62所示。

图6-62

在执行修补操作之前，首先要确定修补的选区，可以直接使用修补工具在图像上拖拉形成任意形状的选区，也可以采用其他的选择工具进行选区的创建。

【源】与【目标】：在修补图像时，选择的区域尽量要小一些，因为这样修补的效果会更好。选择【目标】与选择【源】选项来进行修补的效果是不同的，创建选区后，将选区移动到要修补的区域。如图6-63所示，在修补工具选项栏中选择【源】，左图的选区内为需要修补的区域，移动选区至图像中的白色区域，最后将选区内的酒杯图案用白色修补，修补后的效果如图6-63右图所示。选择【源】选项的效果与选择【目标】选项时的操作是相反的。

图6-63

【使用图案】：选定区域后，修补工具选项栏中的【使用图案】按钮就会亮显，在图案调板中就可以选择要修补的图案，单击【使用图案】按钮，就可以将所选择的图案填充到选区内，如图6-64所示，左图为选定的选区，右图为在选区内填充图案后的效果。

图6-64

6.4.4　模糊/锐化工具

模糊/锐化工具可使图像的一部分边缘模糊或清晰，常用于对细节的修饰。在按住Alt键的同时单击工具箱中的模糊/锐化工具图标就可在模糊工具和锐化工具之间切换。两者的工具选项栏中的选项也是相同的，如图6-65所示。

图6-65

其中可调节【强度】的大小，【强度】数值越大，工具产生的效果就越明显，在【模式】后面的弹出菜单中可设定工具和底图不同的作用模式。

当选中【用于所有图层】选项时，这两个工具在操作过程中就不会受不同图层的影响，不管当前是哪个活动层，模糊工具和锐化工具都对所有图层上的像素起作用。

模糊工具可降低相邻像素的对比度，将较硬的边缘软化，使图像柔和，如图6-66、图6-67所示的方框中是使用模糊工具前后的变化图像。

图6-66　　　　　　　　　　　　　图6-67

锐化工具可增加相邻像素的对比度，将较软的边缘明显化，使图像聚焦。这个工具并不适合过渡使用，因为将会导致图像严重失真，如图6-68、图6-69所示是使用锐化工具前后的变化图像。

图6-68　　　　　　　　　　　　　图6-69

6.4.5 涂抹工具

涂抹工具模拟用手指涂抹油墨的效果，在颜色的交界按住涂抹工具进行修改，会有一种相邻颜色互相挤入而产生的模糊感。涂抹工具不能在位图和索引颜色模式的图像上使用。

涂抹工具的工具选项栏如图6-70所示，可以通过【强度】来控制手指作用在画面上的工作力度。默认的【强度】为50%，数值越大，手指拖出的线条就越长，反之则越短。如果【强度】设置为100%，则可拖出无限长的线条来，直到松开鼠标左键。

图6-70

当选中【手指绘画】选项时，每次拖拉鼠标绘制的开始就会使用工具箱中的前景色。如果将【强度】设置为100%，则绘图效果与修复画笔工具完全相同。

【用于所有图层】选项和图层有关，当选中此选项时，涂抹工具的操作对所有的图层都起作用。如图6-71所示，左边是原始图像，右边是使用涂抹工具后的效果。

图6-71

6.4.6 减淡/加深/海绵工具

减淡/加深/海绵工具主要用来调整图像的细节部分，可使图像的局部变淡、变深或使色彩饱和度增加或降低。

减淡工具可使细节部分变亮，类似于加光的操作。单击工具箱中的减淡工具，弹出减淡工具选项栏，如图6-72所示，在【范围】后面的弹出菜单中可分别选择【阴影】、【中间调】和【高光】；可设定不同的【曝光度】，数值越高，减淡工具的使用效果就越明显，还可选择喷枪效果。

图6-72

如图6-73所示，左边是原始图像，右边是对飞鸟使用减淡工具的效果。

图6-73

加深工具可使细节部分变暗，类似于遮光的操作。单击工具箱中的加深工具，其工具选项栏和减淡工具相同。

如图6-74所示，左边是原始图像，右边是对飞鸟使用加深工具的效果。

图6-74

海绵工具用来增加或降低颜色的饱和度。单击工具箱中的海绵工具，海绵工具选项栏如图6-75所示。【模式】后面的弹出菜单中可分别选择【加色】或【去色】。【加色】选项用来增加图像中某部分的饱和度，【去色】选项用来减小图像中某部分的饱和度。【流量】值用来控制加色或去色的程度，另外也可选择喷枪效果。

图6-75

如果在画面上反复使用海绵工具的去色效果，则可能使图像的局部变为灰度；而使用加色方式修饰人像面部时，又可起到绝好的上色效果。

如图6-76所示，左边是原始图像，右边是对飞鸟使用海绵工具的效果（模式选择为【去色】）。

图6-76

6.5　图像的变换

利用【变换】和【自由变换】命令可以对整个图层、图层中选中的部分区域、多个图层、图层蒙版，甚至路径、矢量图形、选择范围和Alpha通道进行缩放、旋转、斜切和透视等操作。

6.5.1　变换对象

针对不同的操作对象执行【变换】命令，需要进行相应的选择。

（1）如果是针对整个图层，在【图层】调板中选中此图层，无须再做其他选择（对于背景层，不可以执行【变换】命令，转换为普通图层就可以了）。

（2）如果是针对图层中的部分区域，在【图层】调板中选中此图层，然后用选框工具选中要变换的区域。

（3）如果是针对多个图层，在【图层】调板中将多个图层链接起来。

（4）如果是针对图层蒙版或矢量蒙版，在【图层】调板中将蒙版和图层之间的链接取消。

（5）如果是针对路径或矢量图形，使用路径选择工具将整个路径选中或直接选择工具选择路径片段。如果只选择了路径上的一个或几个把手，则只有和选中把手相连的路径片段被转换。

（6）如果是对选择范围进行变换，需选择【选择】→【变换选区】。

（7）如果是对Alpha通道执行变换，在【通道】调板中选中相应的Alpha通道就可以了。

6.5.2　变换操作

执行【编辑】→【变换】命令后，单击【变换】右边的小三角，弹出菜单如图6-77所示，共提供了10种变换命令，在实际操作过程中，可以在执行一种变换命令后，直接选择其他任何一种变换命令，不用确认后再选择其他变换命令。

如果对一个图形或整个路径执行变换操作，【变换】命令就变成【变换路径】命令，如图6-78所示；如果变换多个路径片段，【变换】命令就变成【变换点】命令。

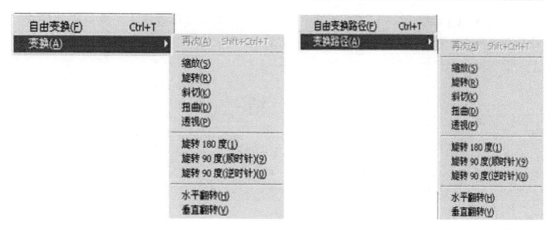

图6-77　　　　　　　　　　　　　　　　　图6-78

执行【编辑】→【变换】→【缩放】命令，可看到图像的四周有一个矩形框，和裁切框相似，也有8个把手来控制矩形框，矩形框的中心有一个标识用来表示缩放或旋转的中心参考点，如图6-79所示。选项栏如图6-80所示，用鼠标单击▓▓图标上不同的点，用来改变参考点的位置。▓▓图标上的各个点和矩形框上的各个点——对应，也可以用鼠标直接拖拉中心参考点到任意位置。

图6-79

图6-80

将鼠标放在角把手上拖拉时，应按住Shift键以保证缩放的比例。如果执行【旋转】命令，将鼠标移动到矩形框上的角把手和边框把手外拖拉时，应按住Shift键保证旋转以15°递增。

也可以在如图6-80所示的选项框中输入相应的数值来控制图像的各种变换。按Enter键完成变换操作，若要取消操作，按Esc键即可，也可以单击选项栏中的✔按钮确认，或单击⊘按钮取消当前操作。

Photoshop CS6

通过选择【编辑】→【自由变换】命令，可一次完成【变换】子菜单中的所有操作，而不用多次选择不同的命令。选择【编辑】→【变换】→【再次】命令可重复执行上一次的操作。

小　结

Photoshop CS6的基本功能是绘图及图像修饰，本项目讲解了颜色设定，画笔的设置，工具箱中提供的绘图工具、图像修饰工具，图像的变换等内容。掌握绘图工具和图像修饰工具就可以绘制编辑出各种各样的图形或图案。

习　题

（1）使用画笔工具等，在总平面图（见图6-81）上批量种树，并且种的生动灵活；使其出现大小变化、稍稍错开、颜色富有变化。

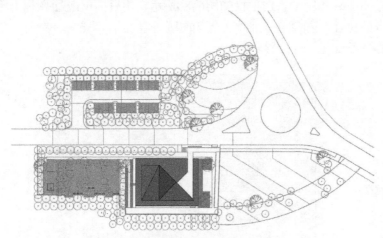

图6-81　总平面图

（2）使用仿制图章工具对图6-82进行练习，并达到图6-83所示的效果。

图6-82

图6-83

项目7 │ Photoshop CS6的文字操作

7.1 文字工具的应用

在一幅完整的设计作品或图像中，总少不了文字的存在。图文并茂的设计才是一幅好的作品。这也再次说明了文字在图像中的作用。要在Photoshop CS6中进行文字的输入及相关设置和编辑操作，首先应对文字工具有所掌握。

7.1.1 文字工具

在Photoshop CS6中，文字工具都收录在工具箱的文字工具组中。右击【横排文字工具】按钮右下角的小三角形图标或按住按钮不放，即可显示出如图7-1所示的文字工具组。在其中可看到该组中隐藏的子工具，如图7-1所示。

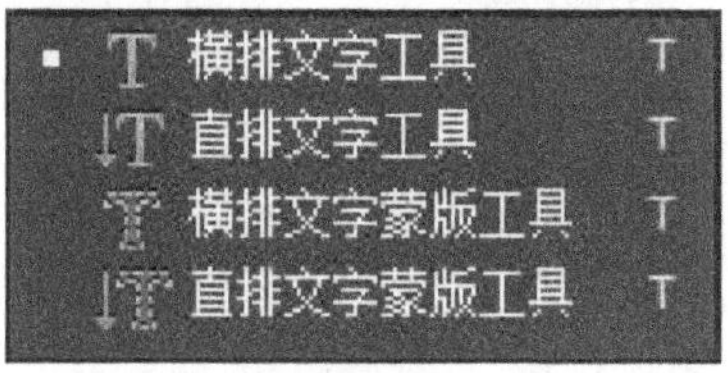

图7-1

文字工具组包括横排文字工具、直排文字工具、横排文字蒙版工具和直排文字蒙版工具。横排文字工具用于在图像中输入水平方向的文字，直排文字工具用于在图像中输入垂直方向的文字，横排文字蒙版工具、直排文字蒙版工具用于在图像中创建文字型选区。下面分别对文字工具及其属性栏进行介绍。

7.1.1.1 横排文字工具和直排文字工具

这里以横排文字工具为例进行介绍。在Photoshop CS6中单击【横排文字工具】，即可看到其属性栏中包括多个按钮和设置框。下面对其关键的选项进行介绍。

切换文本取向：单击该按钮即可实现文字横排和直排之间的转换。

字体：下拉列表框，用于设置文字字体。

设置字体样式：下拉列表框，用于设置文字加粗、斜体等样式。

设置字体大小：下拉列表框，用于设置文字的字体大小，默认单位为点，即像素。

设置消除锯齿的方法：下拉列表框，用于设置消除文字锯齿的模式。

设置文本颜色：单击该色块，打开【选择文本颜色】对话框，单击颜色设置区域即可设置文本颜色。

创建文字变形：打开【变形文字】对话框，即可设置文字变形的样式。

切换字符和段落面板：可快速打开【字符】面板和【段落】面板。

使用横排文字工具可以在图像中从左到右输入水平方向的文字。此时的文字可以是中文，也可以是西文。而要输入垂直方向的文字，则可以使用直排文字工具。其具体的操作方法是单击横排文字工具，在属性栏中设置文字的字体和字号，在图像中需要输入文字的位置单击，此时在图像中出现相应的文本插入点。在文本插入点后输入文字内容，单击属性栏中的"提交所有当前编辑按钮"，即可完成文字的输入。如图7-2所示，为使用横排文字工具输入的中文文字；如图7-3所示，为继续输入英文文字；如图7-4所示，为继续使用直排文字工具输入的直排文字效果。

| 图7-2 | 图7-3 | 图7-4 |

在输入文字时，若输入文字有误或需要更改文字，单击属性栏中的"取消所有当前编辑"按钮，可以取消文字的输入。也可以按Backspace键将其输入的文字逐个删除。完成文字的输入后，也可以使用移动工具调整文字的位置。

7.1.1.2　横排文字蒙版工具和直排文字蒙版工具

在Photoshop CS6中，文字蒙版工具分为【横排文字蒙版工具】和【直排文字蒙版工具】两类。使用文字蒙版工具能在图像中创建文字型的选区，此时创建的选区为未填充颜色选区。用户可以为文字型选区填充渐变颜色或图案，以便制作出更多的文字效果。

横排文字蒙版工具的具体使用方法是：单击【横排文字工具】，在属性栏中设置文字的字体和字号后，在图像中单击定位文本插入点。此时进入蒙版编辑状态，图像呈红色显示，如图7-5所示。在文本插入点后输入文字，此时的文字即显示为不在蒙版编辑状况下的效果，如图7-6所示。

| 图7-5 | 图7-6 |

7.1.2 【字符】面板

要对输入的文字进行格式的调整，除在属性栏中调整外，还可以在【字符】面板中进行。执行【窗口】→【字符】命令，即可显示如图7-7所示的【字符】面板。默认情况下，【字符】面板和【段落】面板是组合在一起的，以便用户能迅速地对文字进行多方位的调整。在【字符】面板中可以对文本进行编辑和修改，即可对文字的字体、字号（大小）、间距、颜色、显示比例和显示效果进行设置。下面对面板中各选项的功能进行详细的介绍。

图7-7

设置行距：用于设置输入文字行与行之间的距离。

垂直缩放：用于设置文字垂直方向上的缩放大小，即高度。

水平缩放：用于设置文字水平方向上的缩放大小，即宽度。

字距调整：用于设置文字字与字之间的距离。

比例间距：用于设置文字字符间的比例间距，数值越大则字距越小。

基线偏移：用于设置文字在默认高度基础上向上（正)或向下(负)偏移。

文字效果按钮组：单击相应的按钮，即可为文字添加一定的特殊效果。包括仿粗体、仿斜体、全部大写字母、小型大写字母、上标、下标、下划线和删除线8种。

设置文字格式的方法较为简单，只需单击相应的文字工具，在图像上输入文字后，可以根据需要选择在文本的前/后插入文本插入点，然后单击并沿文字方向拖动鼠标，即可选中鼠标经过处的文本。此时选中的文本呈反色显示，然后在【字符】面板中对相应的选项进行调整设置即可。

7.1.3 创建段落文字

严格来说，上述输入的文字被称为点文字。而此时如果需要输入大量的文字内容，则可通过创建段落文字的方式来进行文字输入，以便对文字进行管理并对格式进行设置。段落文字的创建方法是单击选择相应的文字工具，在图像中拖动以绘制出文本框，如图7-8所示，文本插入点自动插入到文本框前端，在其后输入文字。当输入的文字到达文字框边缘时，则自动换行，若要手动换行，可直接按下Enter键，如图7-9所示；确认段落文字的输入，对于输入的段落文字还可以通过移动工具调整文字在图像中的位置，效果如图7-10所示。

值得注意的是，在输入段落文字时，若开始绘制的文本框较小，会导致输入的文字内容不能完全显示在文本框中。此时可以拖动文本框的边缘，改变文本框的大小，使文字全部显示在文本框中。

图7-8

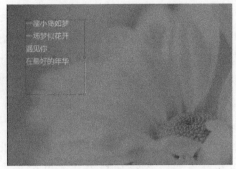

图7-9

7.1.4　设置段落文字

在输入段落文字后，还可在【段落】面板中对段落文字的对齐方式等相关选项进行设置。执行【窗口】→【字符】命令，在【字符】面板中单击【段落】选项卡，切换到【段落】面板，如图7-11所示。

图7-10

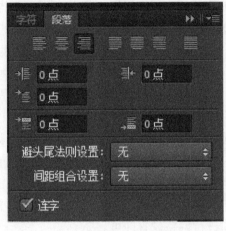

图7-11

在【段落】面板中可以设置段落文字的格式，包括文字的对齐方式和缩进方式等。其方法也比较简单，与设置文字的格式大致相同。选择需要调整的段落文字，在【段落】面板中单击相应的按钮或在相应的文本框中输入参数即可。不同的段落格式具有不同的文字效果。下面对该面板中的各选项进行介绍。

对齐方式按钮组：从左到右依次为【左对齐】、【居中对齐】、【右对齐】、【最后一行左对齐】、【最后一行居中对齐】、【最后一行右对齐】和【全部对齐】。

缩进方式按钮组：包括【左缩进】、【右缩进】和【首项缩进】按钮。

添加空格按钮组：包括【段前添加空格】和【段后添加空格】按钮。设置相应的点数后在输入文字时自动添加空格。

避头尾法则设置：下拉列表框，可将换行集设置为宽松或严格。

间距组合设置：下拉列表框，可设置内部字符集间距。

连字：勾选该复选框可将文字的最后一个英文单词拆开，形成连字符号，而剩余的部分则自动换到下一行。

7.2　编辑文字

在掌握了文字的输入及格式的设置等基本知识后，为了能对文字进行随心所欲的调整，这里主要对文本的编辑操作进行介绍。编辑文字的操作包括更改文本的排列方式、点文字与段落文字相互转换、栅格化文字图层、创建变形文字、沿路径绕排文字、将文本转换为工作路径等。这些都是常用的操作，下面分别进行介绍。

7.2.1　更改文本的排列方式

文字的排列方式分为横排文字和直排文字两种，这两种排列方式是可以相互转换的。更改文本排列方式的方法很简单，选择需要调整的文字或段落文字后，打开【文字】→【取向】，即可实现横排文字和直排文字之间的快速转换。如图7-12、图7-13所示，分别为更改段落文字排列方式的前、后对比效果。

图7-12

图7-13

7.2.2　点文字与段落文字相互转换

点文字是一种文字输入方式，用于输入少量的文字，如一个词、一行或一列文字。该类型文字可以放大作为图像的主题。若要将点文字转换为带文本框的段落文字，执行【文字】→【转换为段落文本】命令即可。而若要将段落文字转换为点文字，执行【文字】→【转换为点文本】命令即可，如图7-14所示。

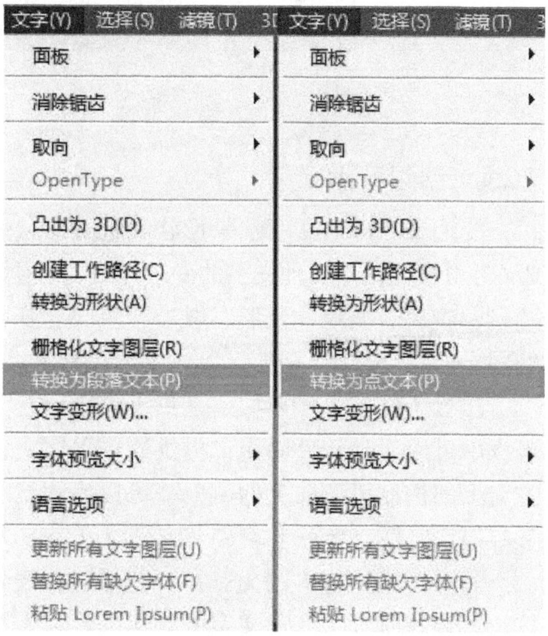

7.2.3　栅格化文字图层

文字图层具有文字的特性,可对其字体、字号等进行修改，但无法对文字图层应用【描边】、【色彩调整】等命令。这时需要先通过栅格化文字操作，将文字图层转换为普通图层，才能对其

图7-14

进行相应的操作。这个转换的过程就是我们常说的栅格化。

栅格化文字后，可对该图层应用各种滤镜效果，却无法再对文件进行字体的更改。格栅化文字图层主要有两种方法：一是选择文字图层后执行【文字】→【栅格化文字图层】命令，如图7-15；二是选择文字图层后，在图层名称上单击鼠标右键，在弹出的快捷菜单中选择【栅格化文字】命令，如图7-16所示。

图7-15

图7-16

7.2.4 创建变形文字

变形文字即对文字水平形状和垂直形状做出调整，让文字效果更多样化。Photoshop CS6为用户提供了15种文字的变形样式，分别为扇形、下弧、上弧、拱形、凸起、贝壳、花冠、旗帜、波浪、鱼形、增加、鱼眼、膨胀、挤压和扭转，用户可根据具体需求选择使用。

执行【文字】→【文字变形】命令，打开【变形文字】对话框，在【样式】下拉列表框中可以看到软件为用户提供的15种样式，如图7-17所示。此时结合水平方向和垂直方向上的控制及弯曲度的协助，可以为图像中的文字增加许多效果。完成相应的样式和参数的设置后，单击【确定】按钮即可变形文字效果。

其具体的操作方法为：打开图像，在图像中输入文字，然后单击【创建文字变形】按钮，快速打开【变形文字】对话框；在【样式】下拉列表框中设置文字变形样式，并拖动滑块调整其他参数；完成后单击【确定】按钮，此时可以看到为文字添加变形后的效果，如图7-18所示。

图7-17

图7-18

7.2.5　沿路径绕排文字

　　沿路径绕排文字的实质就是让文字随路径的轮廓进行自由排列。这个功能将文字和路径进行了有效的结合，在很大程度上扩充了文字带来的图像效果。

　　沿路径绕排文字的方法是：使用钢笔工具或形状工具在图像中绘制路径，然后单击横排文字工具，将鼠标移动到绘制的路径上。当光标变化形状时，在路径上单击，此时光标自动吸附到路径上，定位文本插入点，文本插入点的大小受文字大小设置的影响，在文本插入点后输入文字，文字则自动围绕路径进行绕排输入。

7.2.6　将文本转换为工作路径

　　在图像中输入文字后，若想将文字转换为文字形状的路径，只需执行【文字】→【创建工作路径】命令即可。转换为工作路径后，使用路径选择工具，能对单个的文字路径进行移动，调整工作路径的位置。

7.3 文字与图层样式的结合

7.3.1 添加文字投影效果

在使用Photoshop CS6对输入文字进行效果的调整时，可以结合【投影】图层样式，快速为文字添加出较为真实的投影效果。下面用一个案例进行说明。

（1）执行【文件】→【打开】命令或按快捷键Ctrl+O，打开"苹果.jpg"图像文件。单击横排文字工具，在【字符】面板中设置文字的字体和字号等选项，完成后在图像中输入文字，如图7-19所示。

图7-19

（2）按下快捷键Ctrl+T，显示出调整控制框。按住Ctrl键的同时，拖动【调整】控制卡的节点，改变文字的形状，完成后按下Enter键确认变换，如图7-20所示。

图7-20

（3）此时，在【图层】面板中可以看到，输入的文字在自动新创建的文字图层上，在该文字图层的任意文字上双击，打开【图层样式】对话框，勾选左侧的【投影】复选框，并单击【投影】选项卡，此时在右侧的面板中拖动滑块设置参数，并调整投影的角度，完成并单击【确定】按钮。此时可以看到添加投影后的文字更具立体感，如图7-21所示。

图7-21

7.3.2　调整文字斜面与浮雕效果

与为文字添加投影效果相似，在Photoshop CS6中对输入的文字运用【斜面和浮雕】图层样式，可以快速为文字添加带有斜面切割感的浮雕效果。

为文字添加斜面与浮雕效果的方法与添加投影效果的方法有所相似。打开一幅输入文字的图像，并选择文字所在的图层，如图7-22左图所示。在文字图层上双击打开【图层样式】对话框，勾选左侧的【斜面和浮雕】复选框，并单击【斜面和浮雕】选项卡，在其右侧面板的【样式】下拉列表框中设置浮雕的样式，并拖动滑块调整参数，完成后可以看到添加浮雕样式的文字呈现出向内凹陷的烙印效果。

图7-22

7.4　实战案例——制作鎏金字

鎏金字制作比较简单。首先把文字图层复制几层，底部的文字图层分别用图层样式加上金属渐变及浮雕效果，做出初步的效果；然后在顶部的图层，用图层样式加上金属描边效果；最后微调一下颜色，便能得到想要的效果。制作步骤如下。

（1）打开Photoshop CS6软件，按快捷键Ctrl+N新建画布，尺寸为1680像素×1080像素，分辨率为72像素/英寸，如图7-23所示。

（2）把前景色设置为暗灰色#181818，然后用油漆桶工具把背景填充为前景色，如图7-24、图7-25所示。

（3）把文字素材用Photoshop CS6打开，用移动工具拖进来，然后调整好位置，过程如图7-26~图7-28所示。

（4）点击图层面板下面的【添加图层样式】按钮，选择【斜面和浮雕】，并设置参数，如图7-29、图7-30所示。

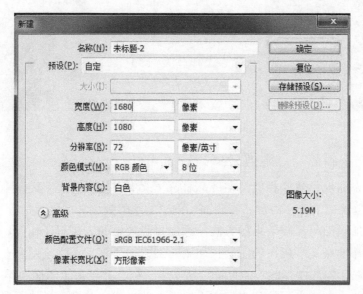

图7-23

图7-24

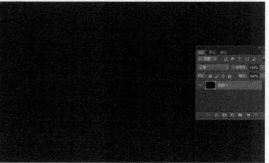

图7-25

图7-26

图7-27

图7-28

图7-29

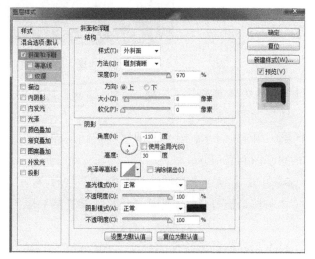

图7-30

（5）单击【确定】按钮后把【填充】数值改为0，如图7-31所示。

（6）按快捷键Ctrl + J把当前文字图层复制一层，得到文字副本图层，如图7-32所示。

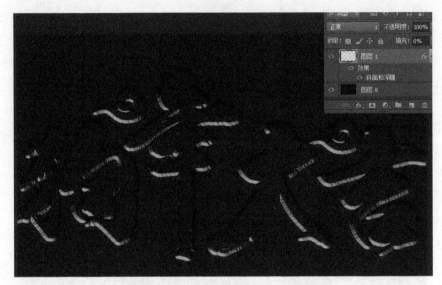

图7-31

图7-32

（7）在文字副本图层缩略图后面的蓝色区域内单击鼠标右键，选择【清除图层样式】，效果如图7-33所示。

（8）用同样的方法给当前图层设置图层样式。增加【光泽】和【渐变叠加】效果，如图7-34、图7-35所示。

（9）单击【确定】按钮后把【填充】数值改为0，如图7-36所示。

（10）按快捷键Ctrl+J把当前文字图层复制一层，然后清除图层样式，效果如图7-37所示。

（11）用同样的方法给当前文字图层设置图层样式，如图7-38所示。

（12）单击【确定】按钮后把【填充】数值改为0，如图7-39所示。

图7-33

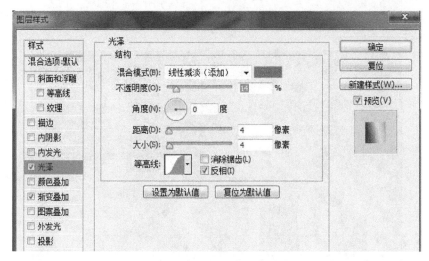

图7-34

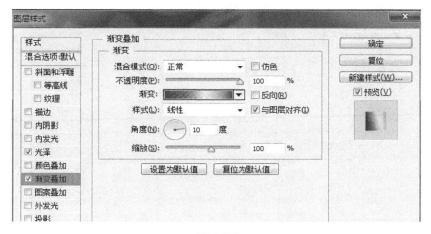

图7-35

图7-36

图7-37

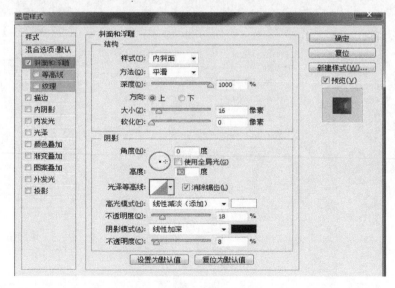

图7-38

图7-39

（13）按快捷键Ctrl+J把当前文字图层复制一层，然后清除图层样式，效果如图7-40所示。

图7-40

（14）给当前图层设置图层样式，如图7-41所示。

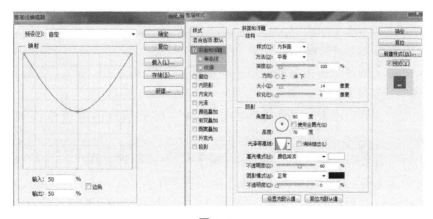

图7-41

（15）单击【确定】按钮后把【填充】数值改为0，效果如图7-42所示。

图7-42

（16）按快捷键Ctrl+J把当前文字图层复制一层，然后清除图层样式，效果如图7-43所示。

图7-43

（17）给当前文字图层设置图层样式，如图7-44所示。

（18）单击【确定】按钮后把图层【不透明度】数值改为50%，【填充】数值改为0，效果如图7-45所示。

（19）按快捷键Ctrl+J把当前文字图层复制一层，然后清除图层样式，效果如图7-46所示。

（20）给当前文字图层设置图层样式，如图7-47~图7-50所示。

（21）单击【确定】按钮后把【填充】数值改为0。

（22）按住Ctrl+鼠标左键，点击一下当前文字图层缩略图，载入文字选区。创建一个色彩平衡调整图层，对中间调、高光进行调整，如图7-51、图7-52所示。

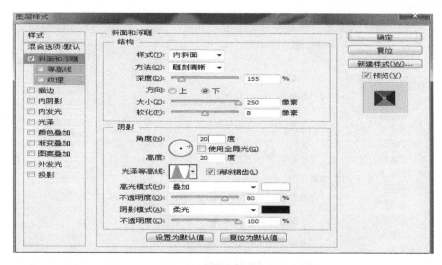

图7-44

图7-45

图7-46

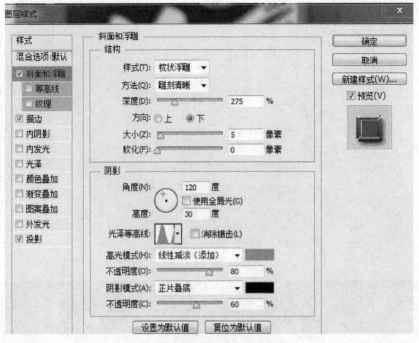

图7-47

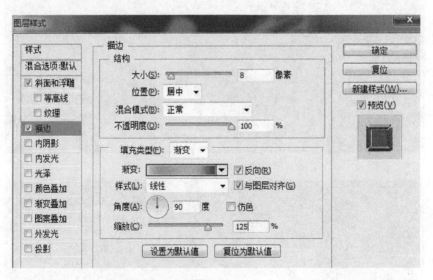

图7-48

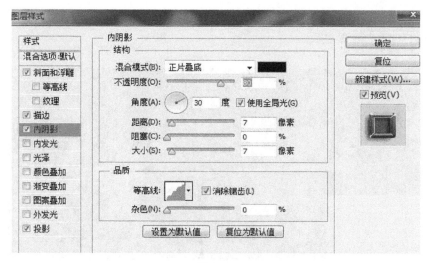

图7-49

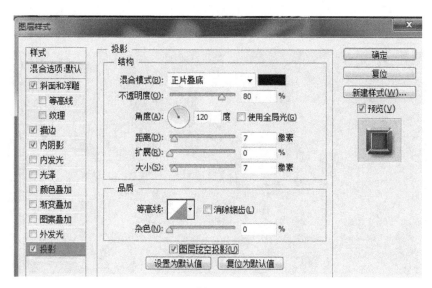

图7-50

图7-51

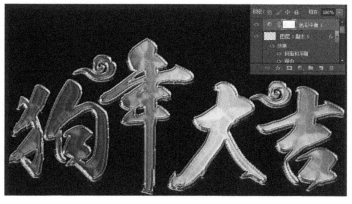

图7-52

（23）创建一个曲线调整图层，把RGB通道压暗一点，如图7-53所示，设置后按快捷键Ctrl+Alt+G创建剪切蒙版。

图7-53

（24）得到最终效果，如图7-54所示。

图7-54

小　结

本项目主要讲解文字工具，能让用户学会创建和编辑文字，会设置文字的段落样式，并进行文字和段落的排版；会设置文字的艺术效果。同时和路径、图层相结合，创作出更丰富的艺术字体效果。

习　题

在背景素材中（见图7-55）加入"新年快乐"几个字，并设置艺术字体。

图7-55

项目8 蒙 版

8.1 蒙版概述

我们在处理图像时，通常会对图像进行擦除或修改处理。在Photoshop CS6中，可用于擦除图像的工具最常用的是橡皮擦工具。但是该工具有一个弊端，在Photoshop CS6中，首先撤销的步骤是有限的，那么我们一旦对一张图片执行过多的擦除操作后，就无法撤销到照片擦除前的样子了。其次，我们在对图形进行修改时，有时只是需要对其中的一部分图形进行修改，但是由于图形图像往往是连接在一起的，这就造成了我们在修改一部分图像时，与之相连接的另一部分不需要修改的图像也受到了影响，产生了变化。由此可见，在利用Photoshop CS6对图形图像处理时，我们应当对当前图像进行保护，使得图像不会受到其他操作的影响，也可以随时恢复到修改之前的相应状态。

为了解决这一问题，Photoshop CS6为我们提供了一款强大的工具——蒙版，接下来我们将学习如何使用蒙版。

8.2 蒙版基本操作方法

在Photoshop CS6中，蒙版最大的作用就是保护图像。接下来我们将学习蒙版的操作方法，并从中体会蒙版对图像的保护作用。

8.2.1 图层蒙版

8.2.1.1 图层蒙版的调出方法

我们在Photoshop CS6中创建一个空白的图像文件，打开如图8-1所示的图片。这时，选中需要创建图层蒙版的图层，接着单击图层面板最下方的【添加图层蒙版】按钮▣，即可为该图层创建图层蒙版，如图8-2所示。

图8-1   图8-2

8.2.1.2　利用图层蒙版擦除图像中不需要的图形的方法

（1）选中该图层，并且选中该图层的图层蒙版缩览图。

（2）选择橡皮擦工具，将前景色设置为白色，背景色设置为黑色，并且根据具体的情况设置橡皮擦的直径等参数。

（3）将橡皮擦工具颜色设置为白色，对图像中不需要的图形进行涂抹，不需要的图形就会被逐步擦除，如图8-3所示。

图8-3

提示：橡皮擦为白色时能将图形擦除，橡皮擦为黑色时能将被擦除的图像恢复。

8.2.1.3　利用图层蒙版恢复图像中已被擦除的图形的方法

（1）选中该图层，并选中该图层的图层蒙版缩览图。

（2）选择橡皮擦工具，将前景色设置为黑色，背景色设置为白色，并且根据具体情况设置橡皮擦的直径等参数。

（3）用橡皮擦工具对图层缩览图中已经绘制好的黑色区域进行适当的涂抹，被涂抹的区域就会变为白色，相应区域被擦除的图像也会恢复，如图8-4所示。

图8-4

8.2.1.4 对已创建好的图层蒙版进行删除、停用等操作和修改方法

选中该图层的图层蒙版，并对图层蒙版单击鼠标右键，这时会弹出图层蒙版的下拉菜单，在该菜单中选择相应的选项即可实现对蒙版的修改。

8.2.1.5 单独移动图层蒙版的方法

在为一个图层创建了图层蒙版后，如果移动了该图层中的图像，则图层蒙版和图层是同步运用的，如图8-5所示。这是因为一旦我们创建图层蒙版，在图层缩览图和图层蒙版缩览图之间就会自动打上一个链接 。这时，只要对图层缩览图和图层蒙版缩览图的链接符号单击一下鼠标左键，该链接就会消失。此时，选中图层蒙版，执行移动，就可以单独对图层蒙版进行移动，而图形本身不会受到影响，如图8-6所示。

图8-5

图8-6

提示：图层蒙版中白色为选中区域，黑色为被删除区域。

8.2.2 快速蒙版

（1）选择需要创建快速蒙版的图层。

（2）单击Photoshop CS6工具栏最下方的【以快速蒙版模式编辑】按钮，即可为该图层创建快速蒙版。

（3）选中橡皮擦工具，将前景色设置为白色，对图层中需要保护的图像进行涂抹，如图8-7所示。

图8-7

（4）再次单击图标，此时可以看见，刚才创建蒙版生成红色图形自动转化为选区了，并且该选区选中的是需要保护的图形以外的部分。因此，我们就实现了对图像的保护，如图8-8所示。

图8-8

8.3 蒙版案例

Photoshop CS6中出现了一个全新的面板——属性面板，在属性面板中可以对蒙版进行系统操作，如添加蒙版、删除蒙版、应用蒙版等，也可以随时进行修改，十分方便、快捷。下面我们将通过一个案例来进一步熟悉蒙版的具体使用。

（1）执行【文件】→【打开】命令，打开两张素材图像，如图8-9、图8-10所示。选择人物素材图像，运用移动工具按住鼠标左键并拖动，将人物素材添加至婚纱背景素材中。

（2）单击蒙版面板上的【添加图层蒙版】按钮，为【图层1】添加图层蒙版，此时图层面板如图8-11所示。

图8-9　　　　　　　　　　图8-10　　　　　　　　　　图8-11

（3）执行【窗口】→【属性】命令，打开蒙版属性面板，选中面板中的【颜色范围】按钮，弹出【色彩范围】对话框，如图8-12所示。

（4）单击【取样颜色】按钮，在人物背景部分单击鼠标左键，如图8-13所示。

（5）单击【添加到取样】按钮，在对话框中背景部分单击鼠标左键，将未选中的背景添加到取样，效果如图8-14所示。

（6）选中【反相】复选框，如图8-15所示。

图8-12

图8-13

图8-14

图8-15

（7）单击【确定】按钮，得到图层蒙版，图层面板如图8-16所示，图像效果如图8-17所示。

图8-16

图8-17

（8）单击【属性】→【蒙版边缘】按钮，弹出【调整蒙版】对话框，如图8-18所示，修改【边缘检测】的值，单击【确定】按钮。

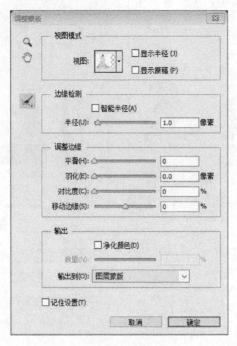

图8-18

小　结

本项目主要讲解了Photoshop CS6软件中关于蒙版的应用和设置，便于读者在今后的运用中通过蒙版的灵活运用，筛选出自己满意的选区，设计成自己满意的效果。

习　题

拍摄或下载两张人物或一个人物一个角色的正面特写的清晰照片，利用蒙版配合其他工具完成两个角色的面部拼接。

项目9　通道的运用

9.1　通道的分类

9.1.1　颜色通道

在Photoshop CS6中编辑图像时，实际上就是在编辑颜色通道。颜色通道是用来描述图像颜色信息的彩色通道。它与图像的颜色模式有关，每一个颜色通道都是一幅灰度图像，只代表一种颜色的明暗变化。

打开一幅RGB颜色模式的图像，其通道就将显示为RGB、红、绿、蓝4个通道，如图9-1所示；打开一幅CMYK颜色模式的图像，其通道就将显示为CMYK、青色、洋红、黄色和黑色5个通道，如图9-2所示；若将图像转换为Lab颜色模式，则显示为Lab、明度、a、b 4个通道，如图9-3所示。

图9-1

图9-2

图9-3

技巧点拨：打开图像后，执行【图像】→【模式】菜单，可将图片转换成不同模式。

9.1.2　Alpha通道

Alpha通道是计算机图形学中的术语，指的是特别的通道。Alpha通道主要用于存储选区，它相当于一个8位灰阶图，即包括了256个不同层次，可支持不同的透明度，相当于蒙版的功能。Alpha通道不会直接对图像的颜色产生影响，它可以制作、删除或编辑选区，也可以说Alpha通道的最基本的用处就是可保存选区范围，而不影响图像的显示和印刷效果，当将图像输出到视频时，Alpha通道也可以用来决定显示区域。

打开一幅素材图像，然后在图像中创建选区，如图9-4所示。通过单击【创建新通道】按钮，创建一个命名为Alpha 1的通道，如图9-5所示，单击此通道的缩略图，可以查看到通道效果，如图9-6所示。

| 图9-4 | 图9-5 | 图9-6 |

9.1.3 专色通道

专色通道是一种专用于保护专色信息的通道，即可以作为一个专色版应用到图像和印刷当中。每个专色通道都将以灰度图形式存储相应的专色信息，这与其在屏幕上的色彩显示无关，每一种专色都有其自身固定的色相，所以它也解决了印刷中颜色传递的准确性问题。在专色通道中，通道所需要的文件大小由通道中的像素信息所决定。打开素材图像并创建选区，如图9-7所示；单击【通道】面板右上角的扩展按钮，如图9-8所示；在打开的面板菜单中执行【新建专色通道】命令，如图9-9所示。

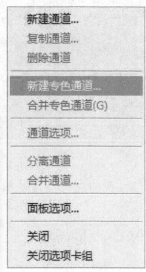

| 图9-7 | 图9-8 | 图9-9 |

打开【新建专色通道】对话框，在对话框中设置颜色，如图9-10所示。设置后单击【确定】按钮，即可在【通道】面板中创建一个专色通道，如图9-11所示。创建专色通道后，原选区中的图像颜色会相应地发生变化，效果如图9-12所示。

| 图9-10 | 图9-11 | 图9-12 |

技巧点拨：双击【通道】面板中创建的专色通道，将会打开【专色通道选项】对话框，在对话框中可以对通道的名称和颜色进行设置。

9.2　通道的简单编辑

9.2.1　创建新通道

在编辑图像时，常常需要创建新通道，然后利用创建的通道来存储选区或编辑需要的选区。通道的创建通常利用【通道】面板来完成，Photoshop CS6中创建新通道的方法有很多种。首先可以单击面板扩展按钮 ▼☰ ，在打开的面板中选择【新建通道】命令，如图9-13所示，打开【新建通道】对话框。在对话框中设置创建的通道，如图9-14所示；也可以直接单击【创建新通道】按钮 ◼ ，即可新建一个Alpha 1通道，如图9-15所示。

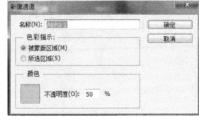

| 图9-13 | 图9-14 | 图9-15 |

9.2.2　隐藏/显示通道

应用【通道】面板中的【指示通道可见性】按钮，可以将图像中的通道暂时隐藏。隐藏通道后，在图像中有关该通道的信息也将被隐藏。

打开一幅素材图像，如图9-16所示，切换至【通道】面板。单击除【红】通道外其他通道缩览图前的【指示通道可见性】按钮 ，将通道隐藏，如图9-17所示。隐藏通道后，在图像窗口中的图像也会随着通道的隐藏而发生变化，如图9-18所示。

图9-16　　　　　　　　　图9-17　　　　　　　　　图9-18

在隐藏通道后，若要重新显示通道，只需要再次单击【指示通道可见性】按钮 即可。如图9-19所示，单击【绿】通道缩览图前的【指示通道可见性】按钮 ，单击按钮后，会将【绿】通道中的图像再次显示出来，如图9-20所示。

图9-19　　　　　　　　　　　　图9-20

9.2.3　复制通道

在Photoshop CS6中对图像进行选取时，可以在不破坏原有图像的情况下，通过复制通道的方式来选取图像。通道的复制可以通过多种不同的操作方式来实现，即在【通道】面板中选择需要复制的通道后，右击通道打开快捷菜单，然后执行【复制通道】菜单命令，如图9-21所示。在【复制通道】对话框中进行通道名称的输入，如图9-22所示，设置后单击【确定】按钮即可创建一个副本通道，如图9-23所示。

图9-21　　　　　　　　　图9-22　　　　　　　　　图9-23

此外，要进行通道的复制，还可以单击【通道】面板右上角的扩展按钮 ，如图9-24所示。在打开的面板菜单中执行【复制通道】菜单命令，如图9-25所示。或者是选定要复制的通道后，将通道直接拖曳至【通道】面板底部的【创建新通道】按钮 上，如图9-26所示，释放鼠标后即可完成通道的复制操作。

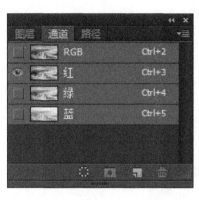

图9-24　　　　　　　　　图9-25　　　　　　　　　图9-26

9.2.4　删除通道

用户可以根据需要对创建的通道进行删除，而删除通道的方法与复制通道的操作方法类似。打开素材图像，切换至【通道】面板，在面板中选择需要删除的通道，将其拖曳至【删除当前通道】按钮 上，拉曳之后效果如图9-27所示。或者右击选择的通道，在打开的快捷键菜单中执行【删除通道】命令，如图9-28所示，将通道删除。删除通道后，在【通道】面板中将不会显示已经删除的通道，如图9-29所示。

图9-27　　　　　　　　　图9-28　　　　　　　　　图9-29

9.2.5　将通道作为选区载入

在Photoshop CS6中可以将指定通道中的图像载入至选区，即单击【通道】面板中的【将通道载入为选区】按钮 。在当前图像上调用所选通道的灰度值，并将其转换为选取区域；还可以在按住Ctrl键的同时，在需要载入选区的通道缩览图上单击，载入通道选

区。打开一幅图像，如图9-30所示，在【通道】面板中选择【绿】通道后，单击下方的
【将通道载入为选区】按钮，如图9-31所示，在图像窗口中可看到将绿色调的图像创
建为选区，效果如图9-32所示。

图9-30   图9-31   图9-32

9.2.6　分离通道

利用【分离通道】命令可根据图像的颜色模式将图像分离成多个灰度图像，成为多
个单独的文档。

打开一幅图像，如图9-33所示，执行【窗口】→【通道】菜单命令，打开【通道】
面板，如图9-33所示。单击【通道】面板右上角的扩展按钮，如图9-34所示，在打
开的面板菜单中执行【分离通道】命令，如图9-35所示。

图9-33   图9-34   图9-35

执行【分离通道】命令后，在Photoshop CS6图像窗口中将会出现3个灰度图像，分别
如图9-36~图9-38所示，分离通道后原来打开的素材图像将会自动被关闭。

图9-36   图9-37   图9-38

9.3　通道的高级应用

9.3.1　使用滤镜编辑通道

在图像中运用滤镜可以带来不同的艺术效果，而在通道中同样可以使用滤镜。唯一不同的是，在图像中应用滤镜是对整个图像应用效果。而在通道中应用滤镜则是单独对某个通道应用滤镜，这个不会同时影响到整个图像。

打开素材图像，切换至【通道】面板，在面板中选择需要应用滤镜的通道，如图9-39所示。执行【滤镜】→【滤镜库】→【画笔描边】→【墨水轮廓】菜单命令，打开【墨水轮廓】对话框，在对话框中设置参数，如图9-40所示。再单击【确定】按钮，即可对选定的通道应用该滤镜效果，如图9-41所示。

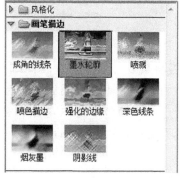

| 图9-39 | 图9-40 | 图9-41 |

9.3.2　应用【应用图像】命令编辑通道

在Photoshop CS6中可以应用【应用图像】命令来编辑通道中的图像。【应用图像】命令可以将一个图像的图层和通道（源）与现有图像（目标）的图层和通道混合，使用【应用图像】命令可将两个图像进行混合，也可以在同一个图像中选择不同的通道来进行应用。执行【图像】→【应用图像】菜单命令，即可打开【应用图像】对话框，如图9-42所示。

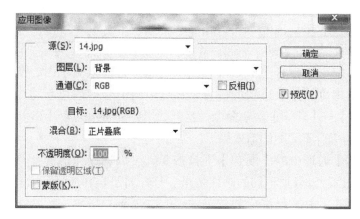

图9-42

基础运用1：选择不同的通道应用图像。

在【通道】下拉列表中显示当前图像中所有通道的信息，利于选择源图像中需要混合的通道。当图像的颜色模式不同时，在【通道】列表中所显示的通道也会有所不同。打开如图9-43所示的两个素材图像，然后在【应用图像】对话框中选择【绿】通道并应用图像，如图9-44所示；应用图像后的效果如图9-45所示。

  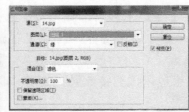 

图9-43　　　　　　　　　图9-44　　　　　　　　　图9-45

基础运用2：通过混合模式调整应用图像效果。

应用图像混合模式的设置将会直接影响最终的图像效果。在【混合】下拉列表中选择了多种不同的混合模式，可以根据不同的图像而选择相应的混合方式来应用图像。选择RGB通道后，设置【混合】为【滤色】时，应用图像效果如图9-46所示；设置【混合】为【颜色减淡】时，应用图像效果如图9-47所示。

图9-46　　　　　　　　　　　　　　　图9-47

9.3.3　应用【计算】命令编辑通道

【计算】命令用于混合两个来自一个或多个源图像的单个通道，它与【应用图像】命令不同的是，使用【计算】命令混合出来的图像将会以黑、白、灰显示，并且通过【计算】对话框中【结果】选项的设置，还可以将混合的通道新建为通道、文档或选区。执行【图像】→【计算】菜单命令，打开如图9-48所示的【计算】对话框。

基础运用1：混合不同的图像效果。

单击【计算】通道中的【混合】下拉按钮，可以选择通道的计算模式，选择不同的【混合】方式，可以得到不同的画面效果。打开如图9-49所示的素材图像，设置【混合】为【正片叠底】时，计算后的效果如图9-50所示；设置【混合】为【实色混合】时，计算后的效果如图9-51所示。

图9-48

图9-49

图9-50

图9-51

基础运用2：更改结果计算图像。

在【计算】对话框中，单击【结果】下拉按钮，将会显示【新建通道】、【新建文档】和【选区】3个选项，选择不同的选项可以将通道的计算设置为不同的结果。选择【新建通道】选项后，会将计算结果创建为新通道，如图9-52所示；选择【新建文档】选项，会将计算结果创建为新建的文档，如图9-53所示；选择【选区】选项，会将计算结果创建为选区，如图9-54所示。

图9-52

图9-53

图9-54

155

小　结

　　本项目主要讲解Photoshop CS6的基础操作中通道的分类。通道作为图像的组成部分，是与图像的格式密不可分的，图像颜色、格式的不同决定了通道的数量和模式，在【通道】面板中可以直观地看到。通道的不同，自然我们给它们的命名就不同，通过了解通道的作用，能够帮助用户在今后的操作中提高工作效率，准确高效地编辑各类图像。

习　题

　　通过练习通道，制作一个按钮，效果如图9-55所示。

图9-55

项目10 Photoshop CS6的滤镜功能

10.1 认识滤镜库

10.1.1 滤镜库中的各种滤镜

在【滤镜库】对话框中可以直观地查看添加滤镜后的图像效果，并且可以在图像中设置多个滤镜的叠加效果。执行【滤镜】→【滤镜库】菜单命令，即可打开【滤镜库】对话框，如图10-1所示。在对话框中包括了【风格化】、【画笔描边】、【扭曲】、【素描】、【纹理】和【艺术效果】6类滤镜效果。

图10-1

10.1.1.1 风格化滤镜

在【风格化】滤镜组下只有【照亮边缘】1个滤镜。滤镜可以突出图像的边缘，并且向其添加类似霓虹灯的光亮效果。打开如图10-2所示的素材图片，单击【风格化】滤镜左侧的展开标志▶，在显示的列表中单击【照亮边缘】滤镜，然后设置滤镜选项，如图10-3所示；设置后可查看到应用滤镜后的效果，如图10-4所示。

图10-2

图10-3

图10-4

10.1.1.2 扭曲滤镜

在【扭曲】滤镜组下包括了【玻璃】、【海洋波纹】和【扩散光亮】3个滤镜选项。【玻璃】滤镜可以使数码照片产生类似透过不同的玻璃看到的效果，【海洋波纹】滤镜可以使数码照片产生一层水波纹效果，【扩散光亮】滤镜可以在图像中加入较强的白色光芒。如图10-5所示为原图，图10-6~图10-8分别为应用【玻璃】、【海洋波纹】和【扩散光亮】滤镜后的效果。

图10-5   图10-6

图10-7   图10-8

在【滤镜库】对话框中可以通过使用快捷键来放大或缩小图像的显示。按下组合键Ctrl+【+】可以按一定比例快速放大并显示应用滤镜后的效果，按下组合键Ctrl+【-】可以按一定比例快速缩小并显示应用滤镜后的效果。

通过【滤镜库】右下角的【删除效果图层】按钮 🗑 可以将添加的一个或者多个滤镜效果图层删除。即选定需要删除的效果图层，然后单击右下角的【删除效果图层】 🗑 ，就可以将当前选择的效果图层从列表中删除。

10.1.2　同时添加多个滤镜效果

在【滤镜库】对话框中，不仅可以应用单个滤镜，还可以根据需要在图像中同时应用多个滤镜效果。要为图像同时添加多个滤镜效果，需要应用【滤镜库】对话框右下角的效果图层管理框进行设置。

打开一幅图像，如图10-9所示，执行【滤镜】→【滤镜库】菜单命令，打开【滤镜库】对话框。单击【艺术效果】滤镜上的倒三角按钮，在打开的列表中单击【干画笔】滤镜，如图10-10所示；单击滤镜后，在效果图层管理框中看到新建的一个【干画笔】效果图层，如图10-11所示。

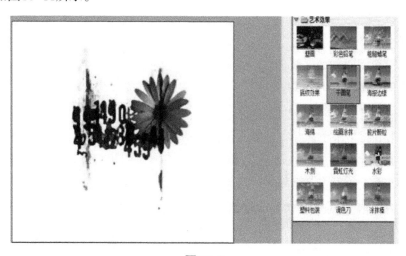

图10-9

图10-10

图10-11

再单击效果图层管理框下的【新建效果图层】按钮 🔲 ，新建一个名称为【干画笔】的效果图层，如图10-12所示。然后单击【画笔描边】滤镜组右侧的倒三角按钮，在打开的列表中单击需要添加的滤镜，如图10-13所示。单击【确定】按钮后即可创建一个相应的滤镜效果图层，并在左侧的预览框中查看应用多个滤镜后的效果，如图10-14所示。

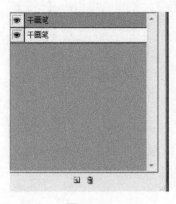
图10-12

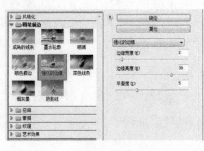
图10-13

图10-14

在【滤镜库】对话框中对图像设置滤镜时，可通过扩大预览框来更直观地查看应用滤镜的效果。单击滤镜组右上角的双箭头 ⊗ ，即可以隐藏滤镜组，扩大预览框，查看图像效果。

10.2 独立滤镜

10.2.1 液化滤镜

应用【液化】滤镜可以任意地推、拉、旋转、折叠和膨胀图像的任意区域。执行【滤镜】→【液化】菜单命令，打开【液化】对话框，如图10-15所示。在【液化】对话框左侧显示了相应的液化工具，单击其中一个工具后，可以在右侧的工具选项区对选择的工具进行设置，来对图像进行变形设置。

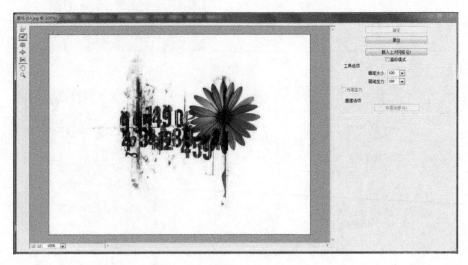
图10-15

基础运用：选择液化工具变形图像。

在【液化】对话框中最左侧有一排工具列表，提供了用于液化变形的各种工具按钮，包括【向前变形工具】 [图标] 、【重建工具】 [图标] 、【褶皱工具】 [图标] 、【膨胀工具】 [图标] 、【左推工具】 [图标] 、【抓手工具】 [图标] 和【缩放工具】 [图标] ，使用这些工具可以完成图像的变形操作。

10.2.2 消失点滤镜

应用【消失点】滤镜可以在编辑透视平面的图像时，保留正确的透视效果，如建筑物一侧或者任何一个矩形对象。【消失点】滤镜还可以在图像中指定平面，然后在指定的平面中进行绘制、仿制、复制、粘贴等编辑操作。执行【滤镜】→【消失点】菜单命令，打开如图10-16所示的【消失点】对话框。

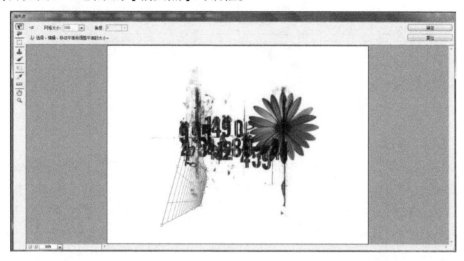

图10-16

对图像执行滤镜后，在【滤镜】菜单中就会显示上一次设置的滤镜名称。单击可以重复用该滤镜效果，或者按下快捷键Ctrl+F，快速重复滤镜效果。若按下快捷键Ctrl+Alt+F，则可以打开上一次设置的滤镜对话框。

10.3 其他滤镜组

10.3.1 锐化滤镜组

【锐化】滤镜组通过增加相邻像素的对比度来聚集模糊的图像，使模糊的图像变得清晰。【锐化】滤镜组中包括【USM锐化】、【进一步锐化】、【锐化】、【锐化边缘】和【智能锐化】5种滤镜命令，如图10-17所示。

10.3.2 模糊滤镜组

【模糊】滤镜组用于对选区或整个图像进行柔和处理，并将图像像素的边缘设置为模糊状态，在图像中表现速度感或晃动的感觉。在【模糊】滤镜组下包括了【场景模糊】、【光圈模糊】、【倾斜偏移】、【表面模糊】、【动感模糊】、【方框模糊】、【高斯模糊】、【进一步模糊】、【径向模糊】、【镜头模糊】、【模糊】、【平均】、【特殊模糊】、【形状模糊】14种滤镜命令，如图10-18所示。

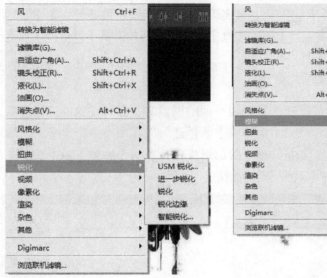

图10-17 　　　　　　　　　　　图10-18

10.3.3　像素化滤镜组

【像素化】滤镜组通过使用单元格中颜色值相近的像素成块来清晰地定义一个选区，从而产生点状、马赛克、碎片等各种特殊效果。【像素化】滤镜组中包括【彩块化】、【彩色半调】、【点状化】、【晶格化】、【马赛克】、【碎片】、【铜版雕刻】7种滤镜命令，如图10-19所示。

10.3.4　渲染滤镜组

在【渲染】滤镜组中可以对图像进行云彩图案、折射图案及图像模拟逼真的光照反射效果等。【渲染】滤镜组中包括【分层云彩】、【光照效果】、【镜头光晕】、【纤维】和【云彩】5种滤镜命令，如图10-20所示。

图10-19 　　　　　　　　　　　图10-20

为图层创建图层蒙版后，在【通道】面板中会保留该蒙版通道，以存储蒙版选区，单击该蒙版通道也可以在图像窗口中显示蒙版的黑、白效果。

10.3.5　杂色滤镜组

【杂色】滤镜组中包括【减少杂色】、【蒙尘与划痕】、【去斑】、【添加杂色】和【中间值】5种滤镜。应用这些滤镜可以在图像中添加或去除杂色，并为图像创建特殊的纹理或去除有问题的区域等。执行【滤镜】→【杂色】菜单命令，在打开的级联菜单下可看到【杂色】滤镜组中的所有滤镜，如图10-21所示。

10.3.6　其他滤镜组

【其他】滤镜组主要用于改变构成图像的像素排列，在此滤镜组下包括【高反差保留】、【位移】、【自定】、【最大值】和【最小值】5种滤镜命令，如图10-22所示。

图10-21

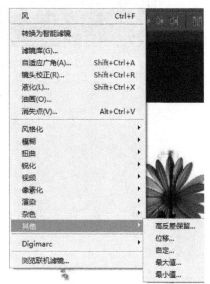

图10-22

小　结

滤镜主要用来实现图像的各种特殊效果，所有的Photoshop CS6都按分类放置在菜单中，使用时只需要从该菜单中执行此命令即可。滤镜的操作是非常简单的，但是真正用起来却很难恰到好处。滤镜通常需要同通道、图层等联合使用，才能取得最佳的艺术效果。如果想在最适当的时候应用滤镜到最适当的位置，除平常的美术功底外，还需要用户熟悉滤镜及具有熟练操作滤镜的能力，甚至需要具有很丰富的想象力。这样，才能有的放矢地应用滤镜，发挥出艺术才华。

习 题

在Photoshop CS6中新建一个800像素×800像素的黑色背景文件，给星空着色，制作七彩绚丽星空。效果如图10-23所示。

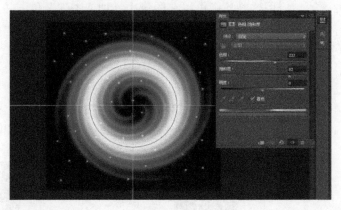

图10-23

项目11 Photoshop CS6动作自动化

11.1　了解动作面板的基本功能

11.1.1　【动作】的基本功能

【动作】实际上是一组命令，使用该命令可以提高工作效率。它的基本功能主要表现在以下两个方面：

（1）可以将两个或多个命令及其他操作组成一个动作。在对其他图像执行相同操作的时候，可以直接使用该【动作】命令，无须重复操作。

（2）在滤镜的使用上，如果对其使用【动作】功能，可以将多个滤镜操作录制成一个单独的动作。使用该动作时，就同使用滤镜一样，可以对图像执行多种滤镜的处理。

11.1.2　认识【动作】面板

【动作】面板是建立、编辑和执行动作的主要场地，是动作的控制中心。在此可以记录、播放、编辑和删除动作，也可以存储和载入动作。打开【动作】面板需要执行【窗口】下的【动作】命令或【Alt+F9】组合键。面板的标准模式如图11-1所示。面板的按钮模式如图11-2所示。

屏蔽切换开/关图标✔：单击面板最左侧的灰色框✔可以激活或隐藏动作；若去掉✔显示，则隐藏此命令，使其在播放动作时不被执行。

切换对话开/关图标▣：当面板中出现整个标记时，表示该动作执行到该步时会暂停。

展开/折叠图标▼：单击该图标可以展开/折叠列表。

停止播放/记录按钮▣：单击该按钮可以停止或记录动作的播放。

开始记录按钮▣：单击该按钮可以开始记录动作。

播放选定动作按钮▶：单击该按钮可以播放选定的动作。

创建组按钮▣：单击该按钮可以创建一个新动作序列，可以包含多个动作。

创建新动作按钮▣：单击该按钮可以创建一个新动作。

删除按钮🗑：单击该按钮可以删除当前选定的动作。

11.1.3 【动作】面板的菜单命令

单击【动作】面板右上角的菜单按钮▼，可以打开【动作】面板菜单，在【面板】菜单里可以编辑、控制、回放、保存、载入动作和指定快捷键等，如图11-3所示。

图11-1　　　　　　　　　　　　图11-2　　　　　　　　　　图11-3

第一方框：【按钮模式】命令，单击显示的动作名称按钮即可对动作进行播放；若要退出按钮模式，则再次执行【按钮模式】命令即可。

第二方框：动作的创建和播放选项，通过执行这些菜单命令，可以进行新建动作、新建组、复制动作、删除动作和播放动作的操作。

第三方框：记录动作操作选项，创建动作后可以对动作进行记录，可以记录多种操作，在记录动作时选择【插入停止】命令可以设置动作的停止，以便于进行下一步操作。

第四方框：动作选项和回放选项，选中【动作选项】命令，打开【动作选项】对话框，可以在该对话框中进行设置。

第五方框：控制动作选项，在此选项中包含动作的清除、复位、载入、替换、存储操作。单击【清除全部动作】菜单，可将【动作】面板中的所有动作全部清除。若想找回面板中的动作，可执行【复位动作】菜单命令，即可恢复到默认状态。

第六方框：分类的预设动作，在【面板】菜单中分别单击【命令】、【画框】、【图像效果】、【LAB-黑白技术】、【制作】、【流量】、【文字效果】、【纹理】和【视频动作】命令，在【动作】面板中将会打开预设的多种分类动作，单击【画框】命令后，【动作】面板的状态如图11-3所示，单击【图像效果】命令状态。

第七方框：关闭面板选项，在面板中单击【关闭】命令，即可将【动作】面板关闭。选中【关闭选项卡组】命令，可将在一个选项卡中的所有【动作】面板全部关闭。

11.2　应用默认动作

11.2.1　在面板中的预设

在Photoshop CS6的【动作】面板中提供了多种预设动作，使用这些预设动作可以快速做出各种不同的图像效果、文字效果、纹理特征等。用户可以从选择的文件中播放预设动作或预设动作中某个特定的命令等，可以通过这种方式为打开的文件应用预设动作，如图11-1所示。选中需要执行的动作后，单击【动作】面板右上角的展开按钮，在弹出的菜单中选中【播放】菜单命令，即可对图像执行选中的动作。还可以在选中动作后，单击面板下方的【播放选定的动作】按钮，如图11-4所示。

11.2.2　应用面板中的预设动作

应用预设动作快速制作仿旧照片效果的操作步骤如下：

（1）执行【文件】→【打开】命令，打开如图11-5所示的图片。

　　　图11-4　　　　　　　　　　　　　　　图11-5

（2）执行【窗口】→【动作】命令，即可打开【动作】面板，如图11-6所示。

（3）单击【动作】面板右上角的展开按钮，在弹出的菜单中单击【图像效果】菜单命令。

（4）将【图像效果】动作组载入到面板中，如图11-7所示。

（5）选中【仿旧照片】动作，如图11-8所示。

（6）单击【动作】面板下方的【播放选定动作】按钮，播放【仿旧照片】动作，如图11-9所示。

图11-6 | 图11-7

图11-8 | 图11-9

11.3 动作自动化

动作自动化就是将动作组合到一个或多个对话框中来简化复杂的任务。动作自动化可以节省工作时间、提高工作效率并保持操作结果的一致性。

所谓批处理，就是将现有动作同时应用于一个或多个图像文件中，也可以是一个文件夹中的所有图像，以实现图像处理的操作自动化。

在Photoshop CS6中，批处理图像的操作步骤如下：

（1）执行【文件】→【打开】命令，打开如图11-10所示的图片。

（2）执行【文件】→【自动】→【批处理】命令，弹出【批处理】对话框，设置【动作】为【渐变映射】，【源】为【打开的文件】，如图11-11所示。

（3）单击【确定】按钮，即可对所有打开的文件进行批处理，如图11-12所示。

图11-10

图11-11

图11-12

11.4 自动化案例

多张照片合成为全景图是这次案例的目的。我们将通过Photoshop CS6自带的动作自动化功能完成本次练习。所谓全景图，指的是在某个视点，用相机旋转360°拍摄所得的照片，由于视点很宽，全景照片能够使人有亲临其境的效果。要得到全景照片，一般有两种方法：一是由专用的全景相机拍摄；二是后期制作，将几张连续的照片拼接在一起。下面我们讲解如何用Photoshop CS6软件完成拼接。

（1）执行【文件】→【自动】→【Photomerge】命令，打开【Photomerge】对话框，如图11-13所示。

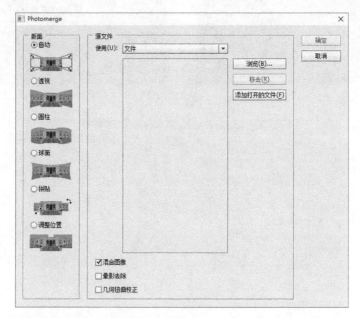

图11-13

（2）单击【浏览】按钮，在打开的对话框中选择如图11-14所示的3张照片。

图11-14

（3）导入的照片显示在【源文件】列表中，如图11-15所示，在【版面】选项组中选择【自动】选项。

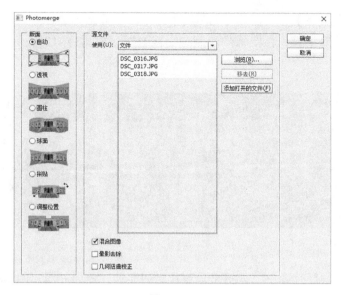

图11-15

（4）单击【确定】按钮，程序即对各张照片进行分析并自动进行拼接和调整，生成如图11-16所示的全景图像。

图11-16

（5）此时的【图层】面板如图11-17所示，由图11-17可以看出，Photoshop CS6是使用蒙版对各张照片进行拼接和合成的。

图11-17

171

（6）选择【图层】→【合并可见图层】命令，将可见图层合并。

（7）选择裁剪工具，在图像中绘制一个裁剪框，如图11-18所示，消除合并后出现的空白区域。

图11-18

（8）通过调整照片颜色，使得全景照片更加完善，效果如图11-19所示。

图11-19

小　结

通过动作自动化的学习和运用，可以帮助我们对图像在最短的时间内完成我们设计好的操作，以达到我们希望达到的图像效果，或者通过批量处理图像达到节省时间的目的。在今后的工作中，我们会在一些常用效果上使用本项目学到的内容。

习　题

拍摄或下载一组照片，通过动作自动化的处理，完成一幅全景图的拼接处理。

项目12 | Photoshop CS6的图像输出

12.1　存储图像

12.1.1　存储图像文件

在Photoshop CS6中，存储文件大致分为两种，即保存和另存为。其中，保存是在Photoshop CS6的默认路径下存储，另存为是自行选择目录存储。保存的快捷键为Ctrl+S；另存为的快捷键为Ctrl+Shift+S。

Photoshop CS6通常以PSD格式存储，如果需要存储为其他格式，应在格式根目录中选择，如图12-1所示。

图12-1

12.1.2 存储大型文件

Photoshop CS6支持宽度和高度最大为30万像素的文件，并提供了3种格式用于存储图像大于30万像素的文件，但是它无法处理大于2GB或宽度和高度大于30万像素的图片。

在格式根目录中选择大型文档格式，如图12-2所示。

```
Photoshop (*.PSD;*.PDD)
大型文档格式 (*.PSB)
BMP (*.BMP;*.RLE;*.DIB)
CompuServe GIF (*.GIF)
Dicom (*.DCM;*.DC3;*.DIC)
Photoshop EPS (*.EPS)
Photoshop DCS 1.0 (*.EPS)
Photoshop DCS 2.0 (*.EPS)
IFF 格式 (*.IFF;*.TDI)
JPEG (*.JPG;*.JPEG;*.JPE)
JPEG 2000 (*.JPF;*.JPX;*.JP2;*.J2C;*.J2K;*.JPC)
JPEG 立体 (*.JPS)
PCX (*.PCX)
Photoshop PDF (*.PDF;*.PDP)
Photoshop Raw (*.RAW)
Pixar (*.PXR)
PNG (*.PNG;*.PNS)
Portable Bit Map (*.PBM;*.PGM;*.PPM;*.PNM;*.PFM;*.PAM)
Scitex CT (*.SCT)
Targa (*.TGA;*.VDA;*.ICB;*.VST)
TIFF (*.TIF;*.TIFF)
多图片格式 (*.MPO)
```

图12-2

大型文件的存储格式包括了PSB、RAW、TIFF格式。若在格式根目录中选择了RAW、TIFF格式，再单击【保存】按钮，则会出现【Photoshop Raw选项】对话框，如图12-3~图12-6所示。

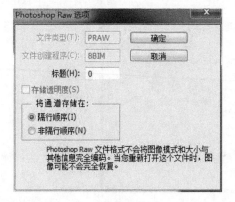

图12-3

图12-4

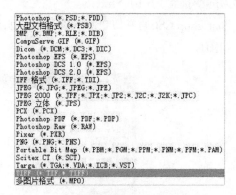

图12-5

图12-6

12.1.3　存储PDF文件

PDF格式可以保留部分Photoshop CS6数据，如图层、通道、专色和注释。存储PDF文件：在格式根目录中选择PDF，如图12-7所示。

打开【存储Adobe PDF】对话框，如图12-8所示。

图12-7

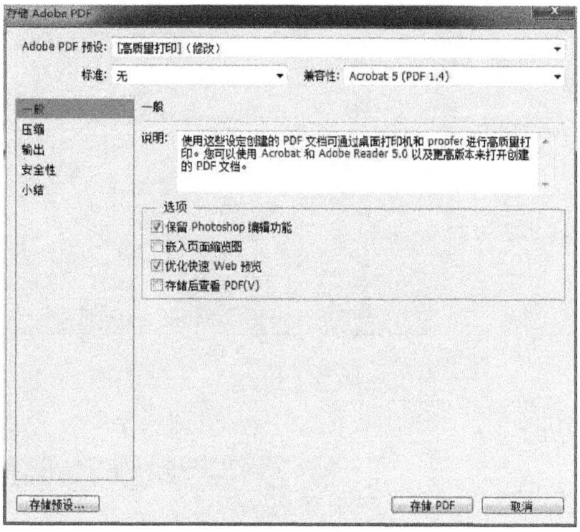

图12-8

左侧是对图像进行设置的五个选项。点击左侧选项，右侧会弹出相应的设置界面如图12-9所示为一般设置界面。

如图12-10所示为压缩设置界面。

如图12-11所示为输出设置界面。

如图12-12所示为小结输出界面。

若单击左下角的【存储预设】选项，可打开【存储】对话框，如图12-13所示。

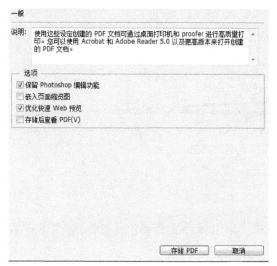

图12-9

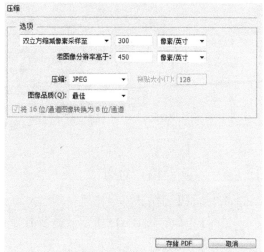

图12-10

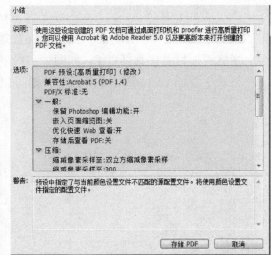

图12-11   图12-12

图12-13

12.1.4　以其他格式存储

12.1.4.1　JPEG格式

如图12-14、图12-15所示，选择JPEG格式，单击保存后会弹出【JPEG选项】对话框。

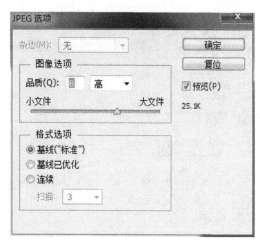

图12-14　　　　　　　　　　　　　　图12-15

12.1.4.2　BMP格式

　　如图12-16、图12-17所示，选择BMP格式，单击保存后会弹出【BMP选项】对话框。

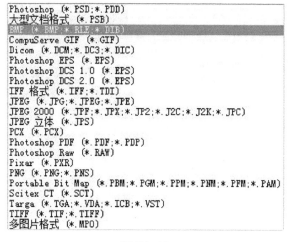

图12-16　　　　　　　　　　　　　　图12-17

12.1.4.3　GIF格式

　　如图12-18、图12-19所示，选择GIF格式，单击保存后会弹出【索引颜色】对话框。

12.1.4.4　PNG格式

　　如图12-20、图12-21所示，选择PNG格式，单击保存后会弹出【PNG选项】对话框。

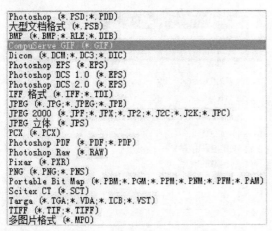

图12-18

图12-19

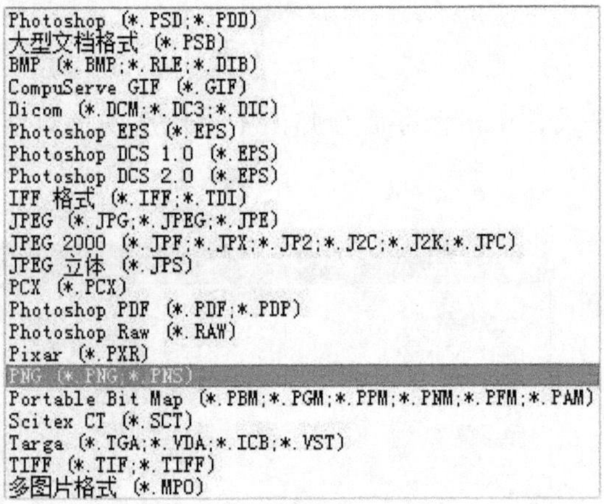

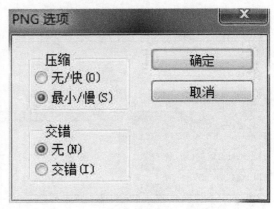

图12-20

PNG 选项

图12-21

12.1.4.5　Targa格式

如图12-22、图12-23所示，选择Targa格式，单击保存后会弹出【Targa选项】对话框。

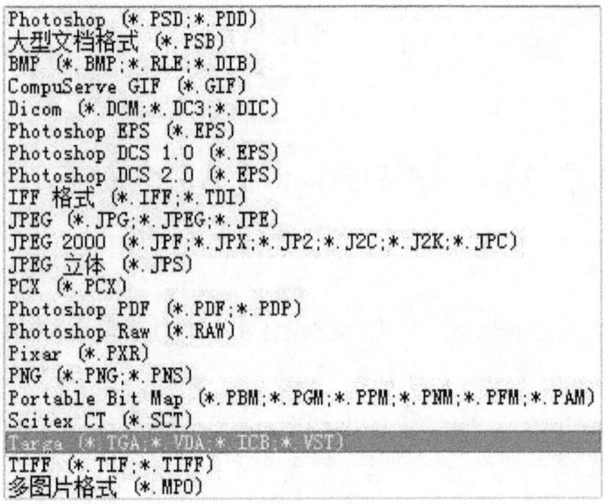

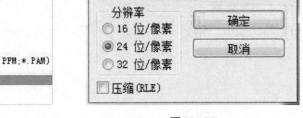

图12-22

图12-23

12.2　导出文件

12.2.1　将图层导出到文件

本节讲述如何将单独的图层中的图像以PSD、PDF格式单独保存出来。

如图12-24所示，单击【文件】，在【文件】下拉菜单中选择【脚本】，在【脚本】中选择【将图层导出到文件】。

图12-24

单击【将图层导出到文件】，打开【将图层导出到文件】对话框。在该对话框中可设置图层导出到文件后的文件名称、文件类型以及存储位置等，如图12-25所示。

设置完后，单击【运行】按钮导出。

如图12-26所示，在文件类型中包含了8种文件格式。

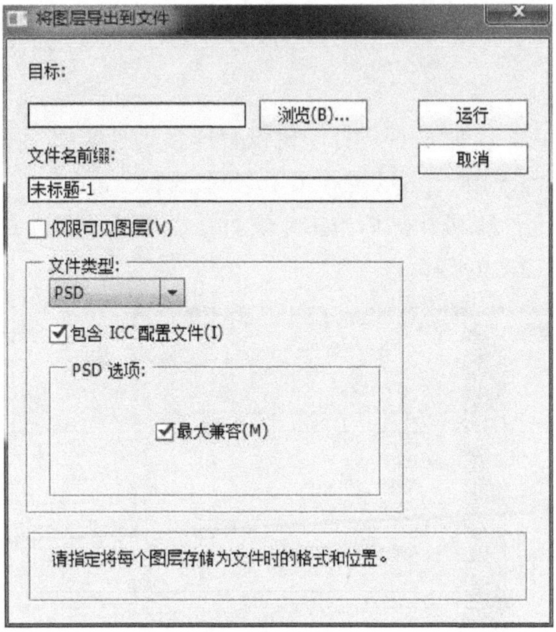

图12-25

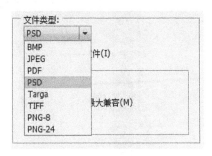

图12-26

12.2.2　将路径导出到Adobe Illustrator

在图像中绘制或者编辑路径后，可将路径导出到Adobe Illustrator中。

单击【文件】，在【文件】下拉菜单中点击【导出】，在【导出】中点击【路径】到Adobe Illustrator，如图12-27、图12-28所示。

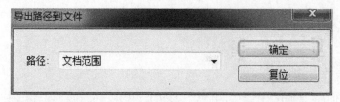

图12-27

图12-28

12.3　关于打印

12.3.1　设置基本打印选项

对图像进行打印前应先确定打印机状态，如是否将打印机设置连接到计算机、是否在Photoshop CS6中设置了打印选项及作业队列中是否已经腾出了空间进行打印等。

若要进行打印，须先将打印机连接上计算机。然后单击【文件】，在【文件】的下拉菜单中单击【打印】，如图12-24、图12-29所示。

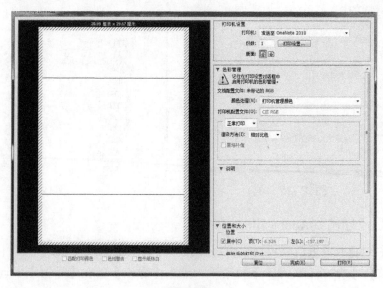

图12-29

如图12-30所示为打印文件的版面设置。

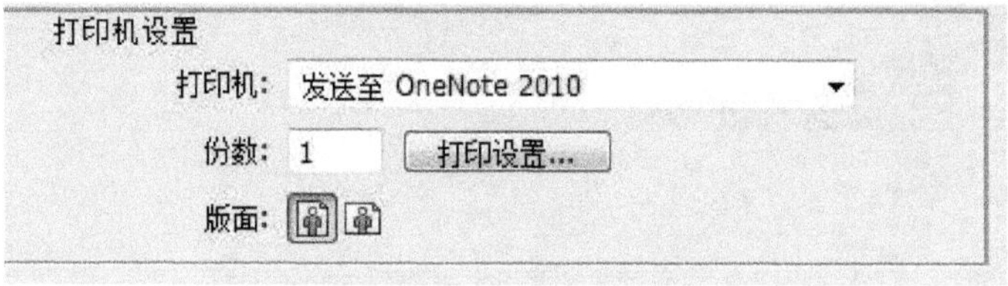

图12-30

如图12-31所示为打印文件的位置设置，设置图像在打印后位于纸张位置。

图12-31

如图12-32所示为缩放设置，设置图像打印后在纸张中占用位置大小。

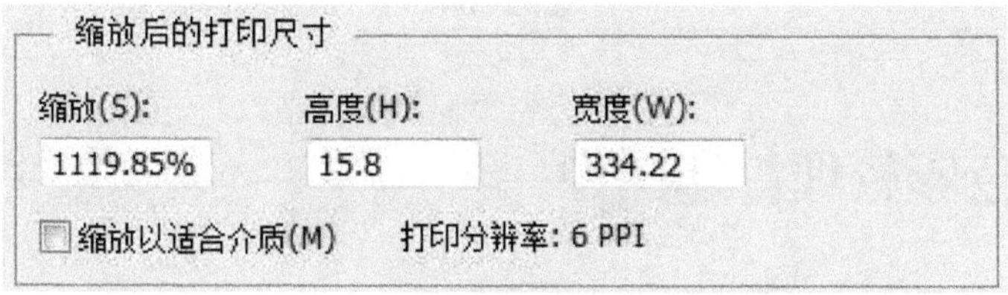

图12-32

如图12-33所示为输出选项。

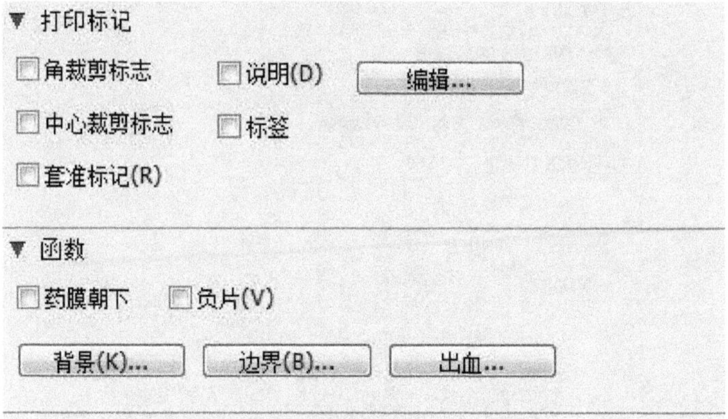

图12-33

12.3.2　设置页面属性

设置页面属性：在打印框中单击【打印设置】按钮，如图12-30、图12-34所示。

图12-34

12.4 使用色彩管理打印图像

12.4.1 制定色彩管理打印和校样选项

使用Photoshop CS6确定打印颜色，如图12-35所示。

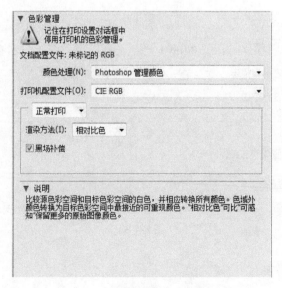

图12-35

12.4.2　打印分色

打印分色是处理CMYK图像或带有专色的图像时用到的。在打印分色之前，先要打开素材图像，确保需打印文档处于CMYK颜色或多通道模式下。

设置后点击打印即可，如图12-36所示。

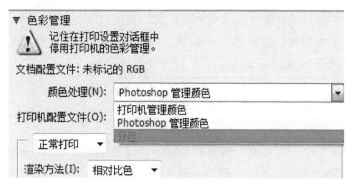

图12-36

12.4.3　创建颜色陷印

创建颜色陷印先要以RGB格式存储文件的一个版本。打开副本执行【图像】→【模式】→【CMYK颜色】将图像转化为CMYK模式。

再执行【图像】→【陷印】命令，打开【陷印】对话框，如图12-37所示。

图12-37

在【宽度】中输入印刷商提供的陷印处理值并选择陷印单位，最后单击【确定】按钮。

小　结

本项目主要讲解Photoshop CS6基础操作中的图像输出，讲解了图像输出的各种技巧，适用于生活中的各个领域，能够帮助用户在今后的操作中提高工作效率，准确高效地输出各类图像。

习　题

通过以下指定步骤，练习本项目各命令的使用方法。

（1）编辑图像并存储为指定格式。

①单击【调整】面板中的色相饱和度。在打开的面板中输入色相为+12，饱和度为−15。

②单击【调整】面板中的色彩平衡，在打开的面板中输入颜色值为+15、−9、−29，单击阴影继续输入−2、−12、−22。

③单击【图层】面板下方的创建新的填充或调整图层按钮，再执行【纯色】命令，打开【拾取实色】对话框，设置颜色为R27、G29、B40。

④通过上一步的操作，在图像上方创建了一个纯色填充图层，填充图像。选择【颜色填充1】调整图层，设置图层混合模式为排除，不透明度为27%。

⑤单击【调整】面板中的色彩平衡，在打开的面板中设置颜色值为−80、−86、−90。创建色阶1调整图层，在打开的面板中单击【色阶】下拉按钮，选择【增强对比度2选项】，设置后增强图像的对比。

⑥单击【图层】面板下的创建新图层按钮，新建图层1，设置混合模式为叠加。选择渐变色工具，打开渐变拾色器，选择从前景色到透明渐变。单击径向渐变，从图像中心向外侧拖曳鼠标渐变。

⑦按下组合键Ctrl+Shift+Alt+E，盖印图层，得到【图层2】图层。选择修补工具，在手臂上的肤色不均匀区域单击并拖曳鼠标，创建选区。将选区内的图像拖曳至肤色洁白的区域。

⑧释放鼠标，修复图像，继续使用修补工具对手臂进行修饰。单击【横排文字工具】按钮，打开字符面板，在面板中设置文本属性。设置后，应用横排文字工具，在图像中输入文字。

⑨选择文字图层，设置图层混合模式为线性光，不透明度为27%。通过设置混合模式，使文字与人物图像更加融合。继续使用横排文字工具，为图像继续添加文字效果。

⑩执行【文件】→【存储为】菜单命令，打开【存储为】对话框。在格式下拉列表中选择PS（PSD,PDD）格式，并设置相应的文件名和存储位置，单击【确定】按钮。打开【PS格式选项】对话框，在对话框中单击【确定】按钮，存储PSD图像。

（2）在同一个文档内打印多个尺寸的图像。

①执行【文件】→【新建】菜单命令，打开【新建】对话框。单击【预设】选项右侧的下拉按钮，选择【国际标准纸张】项，然后单击【确定】按钮。通过设置新建一个A4空白文档。

②执行【图像】→【图像旋转】→【90°（顺时针）】菜单命令，将画布进行旋转，成为横向效果。打开素材。

③选择工具箱中的移动工具将素材拖曳至新建文档中。释放鼠标将素材拖入新建图像中形成了【图层1】图层。

④按下组合键Ctrl+T，使用变换编辑框先对图像进行等比例缩小变换，然后将缩小后的图像调整到右上角位置。选择图层1，按下组合键Ctrl+J，复制图层，得到【图层1】副本图层。

⑤选择图层1副本图层中的对象，将该图像移至页面的右下角。按下Shift键不放，同时选取图层1和图层1副本图层。

⑥执行【图层】→【对齐】→【左边】菜单命令，左对齐图像。插入自己的素材。

⑦选择工具箱中的移动工具将素材拖曳至新建文档中。释放鼠标将素材拖入新建图像中，并在图层面板中选择图层2图层。

⑧按下组合键Ctrl+T，使用变换编辑框先对图像进行等比例缩小变换，然后将缩小后的图像调整到右上角位置。选择图层2，按下组合键Ctrl+J，复制图层，得到图层2副本图层。

⑨选择图层2副本图层中的对象，将该图像移至页面中合适位置。按下Shift键不放，同时选取图层2和图层2副本图层。

⑩执行【图层】→【对齐】→【顶边】菜单命令，顶对齐图像。选择图层2图层，连续按下组合键Ctrl+J，复制图层，得到图层2副本2和图层2副本3图层。

⑪分别选择图层2副本2和图层2副本3图层，调整各图层中的图像位置。按下组合键Ctrl+Shift+Alt+E，盖印图层。

⑫盖印图层后，执行【文件】→【打印】菜单命令。打开【打印】对话框，在对话框中显示打印预览效果。

⑬在【打印】对话框中勾选【缩放】以适合介质复选框。继续在对话框中设置打印份数为5，单击【横向】按钮。

⑭设置完成后，在左侧预览效果后，单击【打印】按钮，打开【另存为】对话框，在对话框中指定文件的存储位置。存储打印的图像后，即可打开打印文件的预览窗口，在此窗口中可查看到要打印的图像效果。

项目13 | Photoshop CS6综合案例

13.1 制作植物倒影

用Photoshop CS6置换滤镜制作水面倒影的风景图片大致有三个大的步骤：首先，需要用滤镜及变形工具做出水纹效果，并单独保存为PSD文件。然后，给素材图片制作倒影，不规则的图片需要分段变形处理，倒影做好后适当模糊处理。最后，用置换滤镜对倒影部分置换处理，就可以得到不错的水纹效果,具体步骤如下：

（1）先新建一个文档，此处尺寸选择为1000像素×2000像素，如图13-1所示。

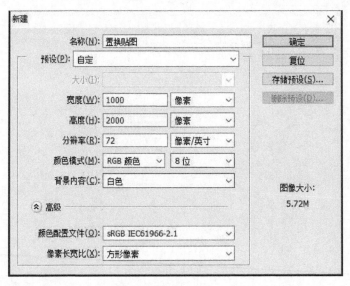

图13-1

（2）点击菜单【滤镜】→【杂色】→【添加杂色】，数量为400%，高斯分布，单色，如图13-2所示。

（3）对图像进行高斯模糊：执行【滤镜】→【模糊】→【高斯模糊】命令，数值设置为2像素就可以，如图13-3所示。

图13-2

图13-3

（4）打开【通道】面板，选择红通道，如图13-4所示；然后对其添加浮雕效果：执行【滤镜】→【风格化】→【浮雕效果】命令，参数设置如图13-5所示。

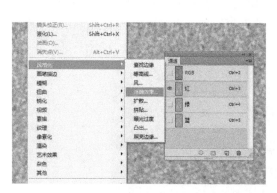

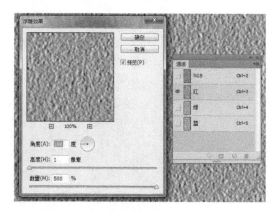

图13-4

图13-5

（5）单击【确定】按钮后继续选择绿通道，同样的处理方法，参数稍有不同，如图13-6所示。

（6）单击【确定】按钮后再选择蓝通道，由于蓝通道对置换滤镜不起作用，因此我们将其填充为黑色，如图13-7所示。

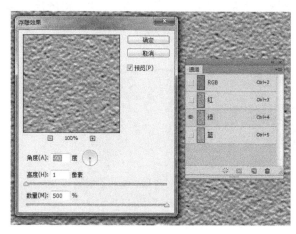

图13-6

图13-7

（7）然后单击【RGB】通道，回到最初的【图层】面板，然后图像就变成如图13-8所示的样子。

图13-8

（8）这时如果图层是背景图层，那么按住Alt键双击图层，将其转换为普通图层。然后按快捷键Ctrl+T进行变形，右键选择透视，拖动下面的角，将其宽度调整为600%。 确定后按Ctrl键点击图层缩略图建立选区，然后点击菜单【图像】→【裁剪】，如图13-9所示。

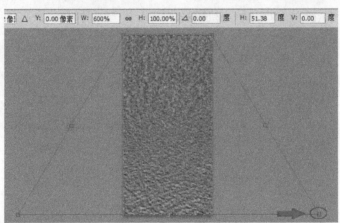

图13-9

（9）再重复一次第（8）步的透视与裁剪。然后按快捷键Ctrl+T，将图层高度设置为50.00%。点击菜单【图像】→【裁切】，将透明像素裁切掉。这时文档便是1000像素×1000像素，如图13-10所示。

图13-10

（10）打开【通道】面板，选择红通道，按Q键进入【快速蒙版】模式，由上到下拉出一条从白到黑的渐变，如图13-11所示。

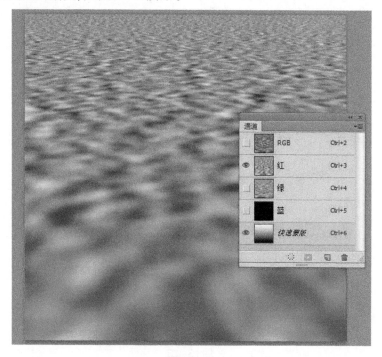

图13-11

（11）再按Q键退出【快速蒙版】模式。在红通道层填充50%的灰色（#808080），如图13-12所示。

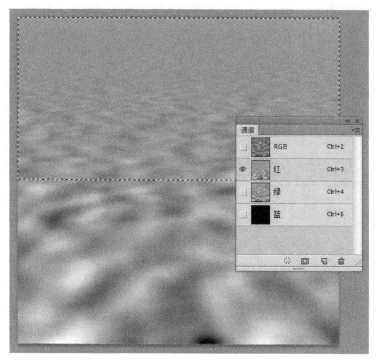

图13-12

（12）选择绿通道，按Q键进入【快速蒙版】模式，拉出一条由白到黑的渐变，大概到图像高度的15%~20%，如图13-13所示。

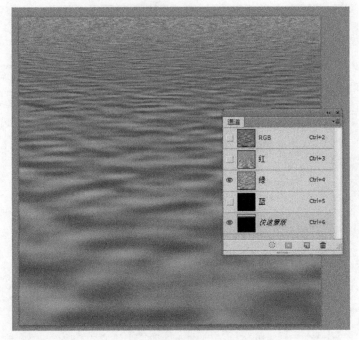

图13-13

（13）按Q键退出快速蒙版模式，为绿通道图层填充50%的灰色。选择【RGB】通道，返回到【图层】面板。对图像进行高斯模糊：执行【滤镜】→【模糊】→【高斯模糊】命令，数值设置为1.5像素，将文档存储成PSD格式，如图13-14所示。

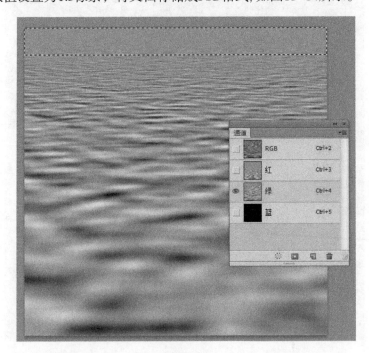

图13-14

（14）在新文档中打开要处理的图像，根据透视建立参考线。利用多边形套索工具选取选区，如图13-15所示。

图13-15

（15）按快捷键Ctrl+J复制一层，然后按快捷键Ctrl+T进行垂直翻转，点击鼠标右键选择斜切，调整为如图13-16所示的样子。

图13-16

（16）同理，将中间部分和右边部分复制出来，进行调整，如图13-17所示；复制调整完成以后，图像应该是如图13-18所示的样子。

图13-17

图13-18

（17）选择3个倒影图层，按快捷键Ctrl+E进行合并，按Ctrl键点击图层缩略图建立选区，选择【图像】→【裁切】命令，将超出画布的部分删除掉，如图13-19所示。

图13-19

（18）在【倒影】图层下方根据倒影的区域添加一层深绿色图层，用来表现绿树倒映在水中的颜色。此处颜色选取#243221，如图13-20所示。

图13-20

（19）为【倒影】图层添加蒙版，并用渐变工具在蒙版上拉出从白到黑的渐变，如图13-21所示。

图13-21

（20）按Ctrl键+点击【倒影】图层缩略图来建立选区，然后按住Ctrl+Alt+Shift键点击蒙版缩略图来进行交叉选区的选取。这样也选取了蒙版中的半透明区域，点击【图

层】面板上部的锁定透明像素。然后进行动感模糊处理：执行【滤镜】→【模糊】→
【动感模糊】命令来模拟水中的倒影，如图13-22所示。

图13-22

（21）最关键的一步：点击菜单【滤镜】→【扭曲】→【置换】。参数设置如下：
由于透视角度的原因，此时看到的水纹水平和垂直并非等距，因此水平比例和垂直比例
并不相等。单击【确定】按钮后选择第（13）步保存的PSD文件，如图13-23所示。

图13-23

（22）然后选中【倒影】图层的蒙版，按快捷键Ctrl+F重新应用一次置换滤镜。如果觉得强度不够，可以再应用一次，如图13-24所示。

图13-24

（23）调整一下图像的整体颜色，完成最终效果，如图13-25所示。

图13-25

13.2 改变卧室外风景

（1）在Photoshop CS6中新建一个文件，文件大小为297 mm×210 mm,如图13-26所示。

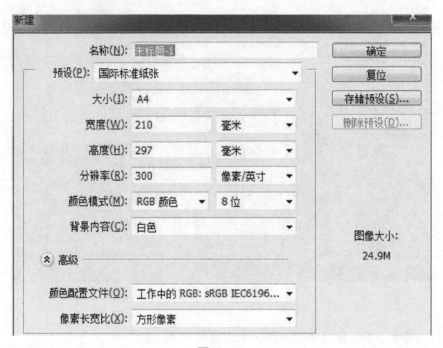

图13-26

（2）插入【房间】图片，并调整好大小，如图13-27所示。

图13-27

（3）将图层1复制一个副本，备用，如图13-28所示。

图13-28

（4）隐藏图层1，在图层1副本上，用多边形套索工具勾选出要变化的墙体轮廓，并选择【反向】，如图13-29所示。

图13-29

（5）为图层1副本添加【蒙版】，如图13-30所示。

图13-30

（6）打开素材【风景】，用自由变换工具调整好图片大小及位置，并置于图层1副本下面，如图13-31所示。

图13-31

（7）显示图层1，在图层1上勾选出窗帘1，并复制，如图13-32所示。

图13-32

（8）将窗帘1、窗帘2图层再进行复制，分别命名为窗帘1-1、窗帘2-1，如图13-33所示。

图13-33

（9）分别对窗帘1和窗帘2选择【链接图层】，并进行【自由变换】，调整窗帘的透视及位置，如图13-34所示。

图13-34

（10）将图层【不透明度】设置为35%，使用多边形套索工具，抠取被遮住部分，如图13-35所示。

图13-35

（11）将窗帘变形完成后，对窗帘1、窗帘2分别选择【取消图层链接】，并分别将图层【不透明度】改为100%，如图13-36所示。

图13-36

（12）隐藏窗帘1，在窗帘1-1图层上，设置【不透明度】为50%；然后设置窗帘1的宽度，如图13-37所示。

图13-37

（13）用同样的方法设置窗帘2和窗帘2-1，如图13-38所示。

图13-38

（14）接下来处理屋顶，勾选出原来窗帘的阴影部位，如图13-39所示。

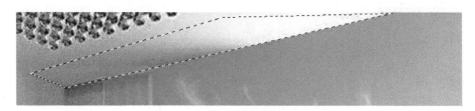

图13-39

（15）用【吸管】工具吸取附近相邻颜色，并用画笔工具进行涂抹，如图13-40所示。

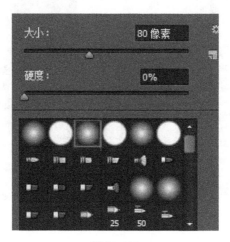

图13-40

（16）再回到图层【风景】，略微调整图层的对比度及亮度，最后效果如图13-41所示。

图13-41

13.3 制作手机海报

下面通过一个案例制作一个时尚手机海报，来让大家更加了解运用工具的综合使用，具体操作步骤如下：

（1）在网上搜索一张智能手机的图片，使用钢笔工具框选后点击鼠标右键建立选区，将手机元素抠取下来，如图13-42所示。

图13-42

（2）新建一个宽（11in）×高（8.5in）的文档，颜色模式：RGB，背景内容为白色，将手机元素移动进新图层，如图13-43所示。

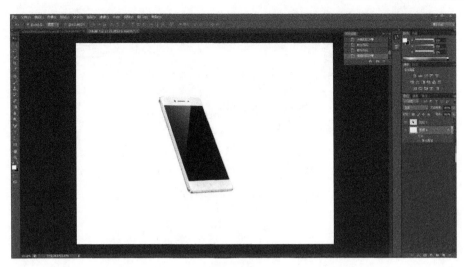

图13-43

（3）现在我们给背景添加一个渐变，双击【背景】图层,并点击【确定】按钮解锁，如图13-44所示再次双击这个图层弹出【图层样式】对话框，如图13-45所示。因为要加个渐变的背景,所以选择背景颜色，此处选择的是【黑—红】。

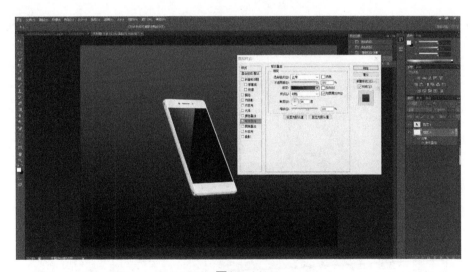

图13-44

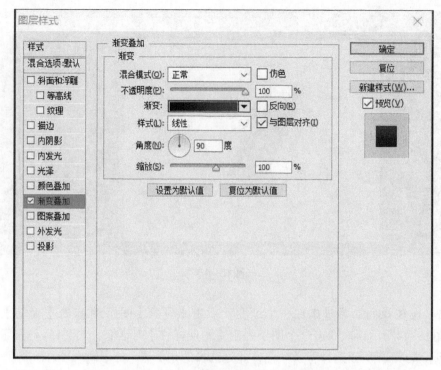

图13-45

（4）新建一个图层,然后利用钢笔工具画一个路径使路径绕着手机，如图13-46所示。

图13-46

（5）选中路径,选择钢笔工具，在图层上右击，选择描边路径，再描边选择→笔刷，如图13-47所示。

图13-47

双击这个图层，在【图层样式】对话框中选择【渐变】并设置为如图13-48所示的样子。

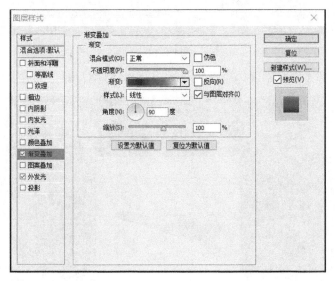

图13-48

（6）再添加一个【外发光】，如图13-49所示。加了发光之后画面的效果如图13-50所示。

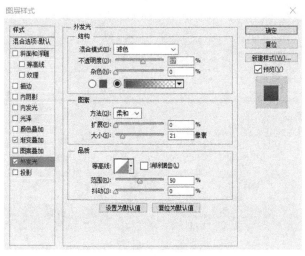

图13-49

图13-50

（7）将【手部】素材用快速选择工具导入图13-51中，即可调成图13-52的样式。

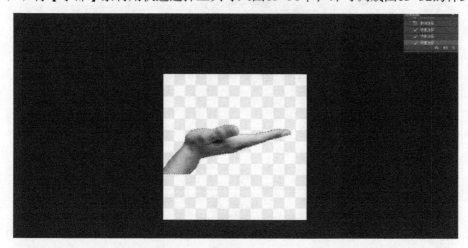

图13-51

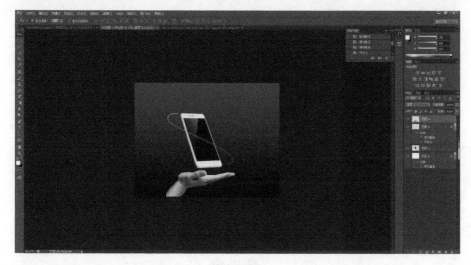

图13-52

（8）我们将使用自定义笔刷来进行进一步的处理，此处选择的是花，如图13-53所示。

图13-53

（9）点击菜单【编辑】→【定义画笔预设】，这样就可以自定义画笔了，如图13-54所示。

（10）根据自己的喜好用画笔工具添加一些元素活跃画面，如图13-55所示。

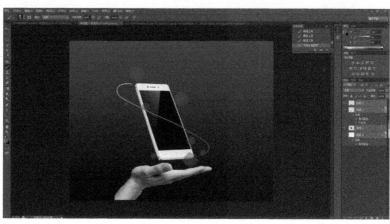

图13-54　　　　　　　　　　　　　图13-55

参考文献

[1] 沈静. Photoshop CS5图形图像处理[M]. 北京：北京师范大学出版社，2014.

[2] 赵鹏飞，钟星翔. Adobe创意大学Photoshop CS5产品专家认证标准教材[M]. 北京：印刷工业出版社，2011.

[3] 冯志刚，周晓峰，李卓. 最新中文版Photoshop CS5标准教程[M]. 北京：中国青年出版社，2011.

[4] 肖著强，韩轶男，韩建敏. Photoshop CS6中文版标准教程[M]. 北京：中国青年出版社，2014.

[5] 王亚全，赵善利. Photoshop CS6经典综合实例教程[M]. 北京：印刷工业出版社，2014.